HUNDE VERHALTEN verstehen

Müller Rüschlikon

Petra Krivy
Udo Gansloßer

Mein Hund – DOMINANT und UNGEBUNDEN

Müller Rüschlikon

IMPRESSUM

Einbandgestaltung: R 2 I Ravenstein, Verden

Titelfoto: Anna-Lisa Breuning, @Wonderlandpfotografie

Bildnachweis: Jürgen Acker / pixelio.de: S. 28, Alisara / pixelio.de: S. 10, 11, Stefan Bayer / pixelio.de: S. 34, Anna-Lisa Breuning: S. 2, 6, 20, 37, Andreas Depping / pixelio.de: S. 74, Uschi Dreiucker / pixelio.de: S. 30, 102, Ingo E. / pixelio.de: S. 124, 125, Barbara Eckholdt / pixelio.de: S. 9, Martina Goslar / pixelio.de S. 82, Charles Hopkins, /Shutterstock.com: S. 107, Max Jagodzinska / pixelio.de: S. 79, Peter Kamp / pixelio.de: S. 50, Bernd Kasper / pixelio.de: S. 65, Frank Kauffeldt: S. 17, 42, 98, 114, Petra Krivy: S. 24, 71, 121, Rica Lenz / pixelio.de S. 13, Meltem MM / pixelio.de: S. 112, Anna Maria Moritz / pixelio.de: S. 47, Michael Muchow / pixelio.de S. 61, Gabriela Neumeier / pixelio.de S. 69, Hartmut Paulus: S. 25, 89, 90, pixabay: S. 19, 27, 29, 54, 55, 68, 72, 88, 94, 97, 100, 109, 116, 117, 119, Joerg Plenert / pixelio.de: S. 77, Helmut J. Salzer / pixelio.de: S. 26, 39, Katrin Schneider: S. 103, 104, 105, 110, shutterstock: S. 107, B. Stolze / pixelio.de: S. 93, Klaus Steves: S. 57, Cat Urbigkit: S. 59, 67, Ira Vaculik: S. 14, 44, Margit Völtz / pixelio.de: S. 85, Markus Walti: S. 52, A. Wedel / pixelio.de: S. 81

ISBN 978-3-275-02138-3

Postfach 103743, 70032 Stuttgart
Ein Unternehmen der Paul Pietsch Verlage GmbH & Co. KG

1. Auflage 2018

Sie finden uns im Internet unter www.mueller-rueschlikon-verlag.de

Lektorat: Claudia König
Innengestaltung: R 2 I Ravenstein, Verden
Druck und Bindung: Graspo CZ, 76302 Zlin
Printed in Czech Republic

INHALT

HUNDE VERHALTEN verstehen

Mein Hund – DOMINANT und UNGEBUNDEN

EINLEITUNG

»Mach Dir den Hund untertänig!«

Sicherlich können sich viele noch an die Zeiten erinnern, wo dem Menschen mit genau solchen oder vergleichbaren Slogans der Hund und das Mensch-Hund-Miteinander erklärt wurden. »Als Untertan oder Subjekt (lat. subicere = unterwerfen, unterordnen) wurde vom Mittelalter bis ins 19. Jahrhundert eine Person bezeichnet, die der Herrschaft eines anderen unterworfen ist.« (Wikipedia, aufgerufen Juli 2018) Das galt – und gilt leider bis heute noch in manchem Kopf – auch und gerade für unsere vierbeinigen »Alarmanlagen« und Familienbegleiter. Hunde haben an unterster Stelle zu stehen, sollen »klein« gehalten werden, haben sich von jeglichem Menschen – egal, ob groß oder klein, jung oder alt, wohlbekannt oder fremd – alles sagen und vorschreiben zu lassen und müssen sich unbedingt und jederzeit unterordnen. Tun sie das nicht, geben womöglich »Widerworte«, schalten auf stur, so sind sie schlecht erzogen, schlecht gebunden – und dominant!

Ein untertäniges Wesen stellt seinen »Herrn und Gebieter« nicht in Frage, führt kommentarlos und umgehend dessen Willen aus und zeigt sich ergeben. Und unterwirft er sich nicht freiwillig, so muss er unterworfen werden. Was dann in früher propagierten (leider aber auch bis heute noch nicht völlig abgestellten) Hunde-Erziehungsstilen gipfelt/e, die mit Druck und Härte »Willen brechen« und »Unterordnung« erzwingend voranzukommen versuchten. Mittels »Alphawurf«, »Nackenschüttler« und »Schnauzgriff« sollten dem aufmüpfigen Fellkumpel die Leviten gelesen werden und dem vermeintlich in Zukunft renitent auf(m)jaulenden prophylaktisch demonstriert werden, wer im Haus das Sagen hat.

Der Mensch ist geneigt, in Regimen und Hierarchien zu denken. Als »Krone der Schöpfung« obliegt die Regentschaft über Flora und Fauna natürlich ihm. Was dabei herauskommt, sieht man in den politischen Entwicklungen ebenso wie in den Entwicklungen des Natur- und Tierschutzes. In der Familie als kleinster Zelle der Gesellschaft sind zwar durchaus Veränderungen festzustellen, die auch das vierbeinige Familienmitglied und dessen Wertung und Stellung im Gefüge beinhalten, doch halten sich bisweilen zu wesentlichen Aspekten weiterhin hartnäckig Mythen und Legenden. Da ist man (Frauchen oder Herrchen) beleidigt, weil der Welpe begeistert zu jedem hinläuft und somit angeblich belegt, dass er mangelnde Bindung und fehlendes Zugehörigkeitsgefühl demonstriert.

Dort wiederum wird eindringlich gewarnt, dass Waldi gerade die Weltherrschaft übernimmt, weil er sich schnarchend im Sessel zusammenrollt. Und weiter gibt es unzählige Meinungen und Aussagen, was, wann, wie zu Bindungsverlust und Dominanzproblemen oder im umgekehrten Sinn zu Bindungsförderung und Unterbindung unangemessenem Dominanzstrebens führt. Viele davon abstrus, sachlich und faktisch völlig haltlos.

Auf den folgenden Seiten versuchen wir deshalb, Sie, geschätzter Leser, umfassend zu informieren und Ihnen Sachverhalte zu verdeutlichen. Dabei zeigt sich, dass »König & Untertan« nicht gestern, sondern mindestens vorgestern war, und heute auch beim Mensch-Hund-Miteinander von einem Eltern-Nachwuchs-Beziehungsgeflecht gesprochen wird. Ohne vermenschlichen zu wollen (und zu dürfen), weisen die Anleitung eines »Hundekindes« (im eigentlichen und im übertragenen Sinne) und der Umgang mit diesem deutliche Parallelen zur Anleitung des menschlichen Nachwuchses auf, besonders was das Bindungskonzept betrifft.
Wie bereits bei den anderen Bänden aus unserer Reihe »Hundeverhalten verstehen«, so handelt es sich auch beim vorliegenden Titel nicht um ein Trainingsbuch! Wenn aber aufgrund der verbesserten Informationslage nach der Lektüre ein veränderter Umgang miteinander, eine auf Verstehen und Verständnis basierende Anleitung des Familienhundes erfolgt, und der Mensch die positiven Aspekte des Leadership mit Inspiration, Motivation und Kreativität zumindest umzusetzen versucht, können Mensch und Hund nur profitieren!

1. VON BEZIEHUNGEN UND BINDUNGEN IN SOZIALEN GRUPPEN

Der Zusammenschluss von Tieren zu sozialen Gruppen erfolgt in der Regel dann, wenn für die beteiligten Individuen ein Vorteil erkennbar ist. Kein Tier lebt in einer Gruppe, weil dies in einem Lehrbuch oder in seinen Genen steht. Stattdessen leben Tiere dann in Gruppen, wenn sie erkennen, dass bestimmte Probleme im Zusammenwirken mit anderen, möglichst persönlich bekannten Sozialpartnern leichter oder Erfolg versprechender lösbar sind.
Die Nachteile des Gruppenlebens, etwa eine verstärkte Konkurrenz um alle möglichen wichtigen Dinge, eine erhöhte Ansteckungsgefahr für Infektionen oder die leichtere Sichtbarkeit für Feinde, müssen also durch effektive Vorteile des Zusammenlebens kompensiert werden.
Um diesen Vorteilen des Zusammenlebens gerecht zu werden, schließen sich auch Hundeartige in Gruppen zusammen, wobei die Diskussion, ob man hier von Rudeln sprechen sollte, könnte oder darf, eigentlich müßig ist. Wer solche Diskussionen liebt, kann auch im botanischen Garten anrufen und nachfragen, ob die Kochbanane zum Obst oder zum Gemüse gehört.
Viel wichtiger zu begreifen ist, **dass Gruppen aus Individuen bestehen, zu denen individuelle Beziehungen ausgebildet werden.**

Der Begriff der Beziehung bedeutet hier, dass **bestimmte** Individuen **zueinander** vorhersagbar **besondere** oder in besonderer Häufigkeit und Verteilung gezeigte Verhaltensweisen ausüben, die sie mit anderen, zufällig herausgegriffenen Mitgliedern der Gesamtpopulation, nicht in gleicher Weise zeigen würden. Beziehungen entstehen dann, wenn, wie bereits erwähnt, eine innere Kosten-Nutzen-Analyse das Tier davon überzeugt, dass es eben mit diesem oder jenem Artgenossen oder Sozialpartner bessere Problemlösungen erreichen kann. Beziehungen sind also funktional und auf Kooperation ausgerichtet. Auch die später noch zu besprechende Dominanzbeziehung ist eine Kooperationsbeziehung, die der vorbeugenden Problemlösung und Problemvermeidung dient.

Um eine Beziehung zu einem Partner aufzubauen, muss zunächst dessen Wertigkeit abgeschätzt und mit der eigenen Bedarfslage und den eigenen Möglichkeiten verglichen werden. Deshalb finden auch im Vorfeld oder in der Anfangsphase einer Beziehungsbildung durchaus auch aggressive Auseinandersetzungen statt. Wenn hier dann immer sofort von der Möglichkeit einer Rangordnungs- oder Dominanzbildung gesprochen wird, geht dies oft am Kern der Sache vorbei. Dies zeigen gerade unsere Studien an verschiedenen Wildkanidenarten, bei denen es eine klassische Dominanzbeziehung zwischen Rüde und Hündin ja nicht gibt. Rüde und Hündin in einem fortpflanzungsbereiten Paar von Mähnenwölfen, Waldhunden oder anderen Wildkaniden haben gemeinsame Interessen zu vertreten, aber keine Konkurrenzsituation zu lösen. Trotzdem treten gerade bei diesen Tieren sehr stark auch aggressive Auseinandersetzungen in der Frühphase der Beziehungsbildung auf. Inhalt dieser aggressiven Auseinandersetzung ist oftmals eine Qualitätskontrolle. Prüfe, wer sich ewig bindet, weil er sonst schnell zum Schrottplatz findet. Wer sich lebenslang oder zumindest über

etliche Jahre hinweg auf einen Sozialpartner so weit verlassen will, dass man sogar gemeinsame Jungtiere aufzieht, muss dessen Leistungsfähigkeit auch und gerade in Gefahrensituationen austesten. Da man aber den Fressfeind, beispielsweise Tiger oder Bär, nicht auf Knopfdruck aus dem Gebüsch holen kann, bleibt eben nur die eigene Herausforderung, die dann die aggressive Reaktionsbereitschaft des potentiellen Partners testet.

Im Laufe einer erfolgreichen Beziehungsbildung nehmen jedoch diese aggressiven Akte immer mehr ab, und es kommt schließlich mehr und mehr zu sozial positiven Verhaltensweisen, etwa des Grußverhaltens, der Beschwichtigung oder sogar der gegenseitigen Körperpflege. Am Ende dieser Entwicklung steht dann oftmals die Bereitschaft zum temperamentvollen, ausgelassenen Spiel. Wie lange das dauern kann, weiß jeder, der einmal einen Hund, speziell aus schwierigen Hintergründen, in eine eigene Familie integriert hat. Es kann Monate dauern, bis sich der Neuling sowohl mit den bereits dort lebenden Hunden als auch mit den Menschen auf wirklich temperamentvolles, ausgelassenes und potentiell gefährliches Spiel einlässt.

Die Vorteile des sozialen Zusammenlebens, auch und gerade bei Hundeartigen, bestehen einerseits in der gemeinsamen Gefahrenabwehr (sowohl gegen Feinde, als auch gegen rivalisierende Nachbargruppen),

Wer sich kennt, füreinander Sympathien hegt und sich vertraut, der zeigt auch gelegentlich gegenseitige Maßnahmen der sozialen Körperpflege. Was das »Lausen« bei Primaten, ist das Fellknibbeln bei den Kaniden. Dies wird unter Umständen auch Menschen gegenüber gezeigt.

in der gemeinsamen Jungtieraufzucht, und, speziell bei Hundeartigen, in der gemeinsamen Revierverteidigung. Alle diese Aspekte sind gerade bei Hundeartigen übrigens auch nicht besonders geschlechtstypisch, Rüde und Hündin können in der Gruppe oftmals sehr ähnliche Funktionen übernehmen. Dies gilt, wie gerade unsere Beispiele zur Jungtierverteidigung im Band dieser Reihe »Mein Hund zeigt Aggression« (S. 37 ff) gezeigt haben, ja auch für die hormonellen Zusammenhänge der Fortpflanzungsbiologie.

Wenn die Möglichkeit besteht, zwischen mehreren Partnern zu entscheiden oder sich diesen in unterschiedlich intensiver Weise beziehungsmäßig zu verbinden, dann kommt es zu einer Abschätzung, die oftmals mit einem Marktplatzmodell in der Verhaltensökologie dargestellt wird. Jedes Individuum präsentiert gewissermaßen seine Fähigkeiten und erwartet vom anderen, möglichst dazu passende, durchaus auch entgegengesetzte, dadurch ergänzende Fähigkeiten anzubieten.
Je mehr gemeinsame Interessen man hat, desto leichter ist die Wahrscheinlichkeit, sich zu einer Beziehung zusammenzuschließen. Je größer das eigene Angebot, desto größer die Chance, dass irgendjemand anderes einen gebrauchen kann. Je geringer die eigene Angebotspalette und je geringer die Qualität des eigenen Angebots, desto weniger anspruchsvoll kann man in der Wahl seiner zukünftigen »Geschäfts«-(Sozial-)Partner sein. Wer eben auf seinem Verkaufstisch am Marktstand nur schrumpelige Äpfel aufweist, wird nur selten jemanden finden, der ihm dafür saftige Birnen bietet. Wer aber eine große Zahl verschiedenster Früchte und Gemüsesorten auf seinem Tisch hat, kann sehr viel leichter den Bedarf irgendeines anderen vorbeigehenden, zukünftigen Handelspartners decken.

In der Frühphase der Beziehung kann hier übrigens tatsächlich auch Futter als Brücke eingesetzt werden. Stellen Sie sich vor, Sie kommen auf eine Messe mit einer ganzen Reihe gleichartiger Produkte. Die Wahrscheinlichkeit, sich zunächst an den Messestand zu begeben, der eine Keksschüssel oder eine Schale mit Käsewürfeln auf der Theke stehen hat, ist durchaus groß. Sobald Sie aber die Qualität des Anbieters geprüft und vielleicht sogar mit ihm oder ihr ins Geschäft gekommen sind, ist eine weitere Futterbelohnung oftmals nicht mehr nötig. In gleicher Weise haben Studien an Haushunden gezeigt, dass mit Beginn des Lernprozesses einer Übung oder einer Trainingseinheit die Vorteile der Futterbelohnung oftmals sehr schnell zurückgehen. Soziale Motivation über Lob, sozio-positive Mimik oder Streicheleinheiten führt oftmals sogar schneller zum Erreichen des Lernkriteriums, also zur Fixierung der genannten Lerneinheit.*

Vom Wirken der Emotionen auf das Lernen und Erinnern

An dieser Stelle sei ein kleiner »Schlenker« erlaubt, der die Bedeutung von Emotionen auf das Lernen und auf die Gedächtnisleistung beleuchtet. Es ist noch gar nicht so lange her, dass Starkzwangmittel in der Erziehung des Hundes Normalität waren.

* Siehe Gansloßer & Kitchenham, 2014

Was der Einsatz im Einzelnen für den Hund und die jeweilige Mensch-Hund-Beziehung bedeutete, wurde kaum hinterfragt. Fatal dabei die Tatsache, dass das Trainieren mit diesen Mitteln tatsächlich auch zu funktionieren schien (und auch heute noch funktioniert, denn Geschichte sind Starkzwangmittel leider wohl noch lange nicht!). Mussten Sie eventuell einmal bei einem bestimmten Song im Radio massiv auf die Bremse treten, um einen Auffahrunfall zu verhindern? Oder umgab Sie ein bestimmter Geruch beim Erleben einer für Sie sehr unangenehmen Situation? Falls ja, dann werden Sie auch bereits am eigenen Leib erfahren haben, wie Song oder Geruch immer wieder die Erinnerung aufleben lässt und die durchlebten negativen Gefühle parat hält. Besonders emotionsbehaftete Erlebnisse brennen sich ins Gedächtnis ein. Verursacht wird das durch die Amygdala, den Mandelkern im Großhirn. Hier sitzt unser Emotionsgedächtnis. Und einmal erlebte starke Emotionen können das Verhalten eines Lebewesens Zeit seines Lebens beeinflussen. Dies kann sich positiv wie negativ auswirken. So belegen verschiedene Erfahrungen aus der Stressforschung, dass leichter physischer Stress, leichtere Erregungs- und Anspannungszustände nach Lernphasen den Lern- und Erinnerungseffekt positiv beeinflussen können. Das Hormon Cortisol regt bei leichtem Stress die Amygdala an, verstärkt auf emotionale Reize zu reagieren.

Im umgekehrten Sinne, also negativ ausgeprägt, funktioniert es aber ebenso. Erfahren wir Bedrohung, sehen unser Leben oder das naher Sozialpartner gefährdet, geraten wir unter Stress. Der Körper befindet sich im Ausnahmezustand, alles reagiert auf die inneren Alarmsignale. Sind nun bestimmte Informationen wichtig, womöglich überlebenswichtig, so werden diese ins Gedächtnis regelrecht eingemeißelt. Ein bemerkenswerter Beleg sind Forschungsergebnisse an Ratten von Carmen Sandi*: Sie ließ die Tiere in einem Wasserlabyrinth schwimmen, aus welchem sie nur über eine Plattform entkommen konnten. Nun wurde das Wasser in verschiedenen Durchgängen unterschiedlich temperiert. Bei kaltem Wasser, merkten sich die Ratten den Rettungsweg schneller, da die Kälte das eigene Wohlergehen bedrohte. Durch das körpereigene Alarmsystem wurden die Stresshormone aktiviert und bedingten bessere Gedächtnisleistungen. Dies veränderte sich aber zum Negativen, wenn das Wasser noch kälter wurde. Die Gedächtnisleistungen ließen nach. Aus diesen Feststellungen leitet sich die Vermutung ab, dass leichter Stress die Gedächtnisleistung verstärkt, starker diese jedoch verschlechtert.

Und hier liegt eine wesentliche Crux, die allein schon belegt, dass Starkzwangmittel, aber auch unangemessener Druck oder womöglich körperliche Gewalt in den Umgang mit Hunden nicht hineingehören. Natürlich muss es in der Anleitung und Erziehung – egal, ob von Kind oder Hund – auch hier und da ein »Nein«, ein »Lass es« oder ein »Jetzt nicht« geben. Das lässt sich aber mit Ruhe, Konsequenz, Authentizität und Souveränität vermitteln. Jahrzehntelang war es ein Totschlagargument der Pro-Stromhalsband-Fraktion: »Es funktioniert. Und es funktioniert schnell!« Warum lange,

* Brain Mind Institute, Lausanne, 1997

aufwendig, mühsam trainieren, wenn mit einem Druck auf den Auslöser – oder auch zwei oder drei – die »Sache« erledigt ist und der Hund es »gelernt« hat und fortan nicht mehr jagt? Warum Leinenführigkeit Tag für Tag und Woche für Woche üben, wenn über Stachelhalsband und kräftigen Leinenruck der befellte »Pappenheimer« verstehen kann und nach einem kräftigen »Quiek« folgsam, wenn auch etwas geduckt, neben seinem Menschen herschleicht.

Es ist unglaublich, aber traurige Wahrheit, dass im Jahre 2018 noch immer Stromreizgeräte im Internet als »bewährt« beworben werden. Damit sie nicht so »böse« klingen, heißen sie dann z. B. »Ferntrainer« und werden als »das beste Erziehungsmittel überhaupt« propagiert. Stachelhalsbänder werden als Zughalsbänder angeboten, es wird der weiche Textilüberzug oder das qualitative Leder gepriesen, der es »chic« und stylisch aussehen lässt. Die Stachel sind innen kaum zu sehen, wirken aber »zuverlässig« bei Leinenruck und lassen den Hund »die Aufmerksamkeit auf seinen Führer richten«. Es wird sogar behauptet, dass die Mensch-Hund-Kommunikation durch diese Maßnahmen verbessert wird. Unfassbar ...

Dass derartige Dinge laut Tierschutzgesetz (TierSchG) verboten sind, für Stromreizgeräte § 3 S.1 Nr. 11 TierSchG relevant ist, wird dabei nicht einmal verhohlen! Stattdessen nutzt man unklare Formulierungen aus, die zwei Gesetze im Widerspruch stehend erscheinen lassen. Stromreizgeräte bzw. Elektroimpulsgeräte werden in Deutschland gemäß Waffengesetz (WaffG) als Waffen deklariert. Dort heißt es in der Anlage 1 zu § 1 Abs. 4 WaffG, Abschnitt 1, Unterabschnitt 2, Nr. 2.2:

Starkzwangmittel haben in der Hundeerziehung nichts zu suchen! Hunde sollten mit Konsequenz, aber auch mit Verständnis, Herz und Humor angeleitet werden, damit sie mit Vertrauen, Respekt und Freude folgen.

»2. Tragbare Gegenstände im Sinne des § 1 Abs. 2 Nr. 2 Buchstabe b sind ...

2.2 Gegenstände, die bestimmungsgemäß unter Ausnutzung einer anderen als mechanischen Energie Tieren Schmerzen beibringen (z. B. Elektroimpulsgeräte), mit Ausnahme der ihrer Bestimmung entsprechend im Bereich der Tierhaltung oder bei der sachgerechten Hundeausbildung Verwendung findenden Gegenstände (z. B. Viehtreiber).«

So makaber und unglaublich es ist, hier von »sachgerechte(r) Hundeausbildung« zu sprechen, diese »Konkretisierung« des ursprünglichen Begriffs »Tierhaltung« wurde auf Empfehlung und Beschluss des Bundesrates 2007 eingefügt (nachzulesen in der Drucksache des Bundesrats 838/1/07 auf Seite 18 unten)! Dort heißt es: »In der Hundeausbildung durften bisher Elektroreizgeräte (Teletakt) eingesetzt werden. Die Geräte haben sich bewährt. Ein Verbot wäre unverhältnismäßig. Die Einfügung stellt klar, dass der Einsatz dieser Geräte weiterhin erlaubt ist.« Stimmt das so?

Es verschlägt einem die Worte, deshalb wollten wir es genauer wissen und haben nachgefragt. Und zwar bei der Juristin Barbara Felde, einem Vorstandsmitglied der Deutschen Juristischen Gesellschaft für Tierschutzrecht e.V. (Dircksenstraße 47, 10178 Berlin, www.djgt.de). Sie hat sich dem vermeintlichen Widerspruch gewidmet und kommt zu folgender Aussage:
»Die Passagen im Waffengesetz und auch die Begründung, nach der Stromreizgeräte/Elektroimpulsgeräte (Teletaktgeräte) erlaubt sein sollen, sind NICHT in der Lage, das Verbot des § 3 Satz 1 Nr. 11 TierSchG auszuhebeln.
Insbesondere das Verwaltungsgericht (VG) Freiburg hat mit Urteil vom 15.3.2007 (4 K 2339/05) genau wie das Bundesverwaltungsgericht (BVerwG) im Jahr 2006 geurteilt. Es hat ausdrücklich gesagt, dass es bei der Beurteilung der Frage, ob einem Tier durch solch ein Gerät nicht unerhebliche Schmerzen, Leiden oder Schäden zugefügt werde, nicht auf die konkrete Handhabung des Elektroreizgerätes im Einzelfall ankomme, sondern nur auf die bauartbedingte Eignung, dem Tier die von § 3 Satz 1 Nr. 11 geforderten, nicht unerheblichen Schmerzen, Leiden oder Schäden zuzufügen.
Das Bedeutungsvolle bei der Entscheidung des VG Freiburg war außerdem, dass das konkrete Gerät, um das es ging, ›nur‹ ein sogenanntes Niederstromgerät war (»Dogtra 2000«), dessen Impulse mit solchen vergleichbar sind, die auch Menschen zu medizinischen Zwecken verabreicht werden. Trotzdem, so das VG, bleibt auch ein solches Gerät per se verboten. Auch andere Entscheidungen seit 2007 korrespondieren mit der Entscheidung des BVerwG, das im Jahr 2006 bereits Elektroreizgeräte als per se verboten ansah.
Durch Erlasse ist die Ausbildung von Diensthunden bei Polizei und Bundeswehr mit Elektroreizgeräten bereits seit ca. Mitte der 1990-Jahre verboten. Erlasse haben zwar keine Außenwirkung wie z.B. ein Gesetz, sind aber trotzdem wichtig, da man damit auch die Meinung staatlicher Akteure belegen kann, die den Einsatz von Elektroreizgeräten wohl auch für tierschutzwidrig halten.
Man kann also getrost davon ausgehen, dass auch die heutige Rechtslage immer noch die ist: Generelles Verbot von Elektroreizgeräten. Denn eine bundes- oder landesrechtliche Vorschrift, die dies für zulässig erklärt, gibt es für die Hundeausbildung – anders als für die Verwendung von Viehtreibern im Schlachthof – gerade nicht. Das Verbot kann man auch mit der Zielsetzung der Aufnahme des § 3 Satz 1 Nummer 11 TierSchG im Jahr 1998 begründen. Und es war wieder der Bundesrat, der im Jahr 1998 die Initiative für die Aufnahme der Nr. 11 ergriffen hat. Die Begründung war damals, dass die Praxis zeige, dass insbesondere Hunde und Pferde sehr sensibel gegenüber solchen Geräten seien und bisherige Ausbildungs- und Erziehungsmethoden die vielen tierschützerischen Aspekte sehr oft nicht berücksichtigen.

Dies kann man gut nachlesen in Hirt/Maisack/Moritz, TierSchG Kommentar, 3. Auflage 2016, § 3 Rn. 61, die auch auf die entsprechenden Gesetzesmaterialien verweisen.
Und was das Waffengesetz angeht: Möglicherweise muss man sich wegen der dort befindlichen Definitionen nicht nur mit Verstößen gegen das TierSchG auseinandersetzen bei der Beurteilung der Verwendung von Teletaktgeräten, sondern auch noch mit Verstößen gegen das Waffengesetz. Denn Teletaktgeräte tauchen noch einmal im WaffG auf: Die Anlage 2 zu § 2 Abs. 2 bis 4 WaffG deklariert in Abschnitt 1 die verbotenen Waffen. Nach Nr. 1.4.4 sind dies »Gegenstände, die unter Ausnutzung einer anderen als mechanischen Energie Tieren Verletzungen beibringen (z. B. Elektroimpulsgeräte), sofern sie nicht als gesundheitlich unbedenklich amtlich zugelassen sind und ein amtliches Prüfzeichen tragen zum Nachweis der gesundheitlichen Unbedenklichkeit oder bestimmungsgemäß in der Tierhaltung Verwendung finden«.
Eine amtliche Zulassung von Teletaktgeräten als gesundheitlich unbedenklich und mit amtlichem Prüfzeichen ist hier für kein Teletaktgerät bekannt.«

Durchaus auch wichtig beim Thema Emotionen und Lernen zu erwähnen, dass Studien aus Budapest* zufolge, Hunde auch über ein episodisches Gedächtnis verfügen. Das heißt, sie erinnern sich auch an Dinge, die nicht vorrangig von besonderer Relevanz für sie zu sein scheinen, also eher »unwichtiges Drumherum«. Die Existenz eines solchen episodischen Gedächtnisses wurde bislang auf Menschenaffen und Menschen beschränkt, denn es bedarf dazu der Selbstwahrnehmung.

Die Vermittlung von Regeln, von Erziehung und von erwünschten Alltagsmaßnahmen korreliert mit Emotionen. Und Emotionen belegen feste Plätze im Gehirn und wirken dort verstärkend oder hemmend. Und das wirkt sich auch auf die Beziehung aus, belebt und fördert oder belastet und trübt sie!

Was einen guten Beziehungspartner ausmacht

Um als Beziehungspartner gute Chancen für die Ausbildung einer individuellen Beziehung mit einem potentiellen Sozialpartner zu haben, bedarf es einer Reihe von eigenen Eigenschaften und einer Reihe von Eigenschaften der zukünftigen

* https://www.cell.com/current-biology/abstract/S0960-9822(16)31142-3, aufgerufen Juli 2018

Jede Rasse, jeder Hundetyp, jedes Individuum hat andere Vorstellungen von Motivationen und Geselligkeit.

Beziehung. Ein dafür vor einigen Jahren allgemein entwickeltes Modell* nennt folgende Faktoren:

- Die Attraktivität des zukünftigen Beziehungspartners: Hierzu ist ganz ausdrücklich nicht nur das Aussehen oder die körperliche Kondition zu nennen. Vielmehr geht es, gerade im Zusammenleben zwischen hochintelligenten Lebewesen wie Hund und (hoffentlich!) Mensch, um vielfältige Kenntnisse und Fähigkeiten, die man in die Beziehung einbringen kann. Ebenso geht es um die Qualität des Reviers, um den Schutz vor Problemen und Feinden, natürlich auch um das Anbieten von Ressourcen (wobei auch hier die Qualität des Reviers und die zur Verfügungsstellung von Schutzstrukturen wichtiger sind als das reine Futter), letztlich auch um den Spaßfaktor (z.B. gemeinsames Spiel und die Rudelzeremonie, die zur Bindungsfestigung durchaus beitragen kann), und viele andere Eigenschaften. Je breiter das Angebot ist, wer viele verschiedene interessante Beschäftigungen, Spiele, interessante Spazierwege, aber eben auch Schutz und Rückzug in Gefahren- und Krisensituationen bieten kann, der ist zweifellos attraktiver als ein reiner Büchsenöffner, der sich bestenfalls missmutig auf einen immer gleichen Spaziergang bewegt und mies gelaunt wartet, bis der Hund sich endlich gelöst hat, damit man wieder nachhause gehen kann.

- Die Erträglichkeit des Gegenübers, die zum Beispiel von dessen Persönlichkeit, von

* Gansloßer, 2002

seinem Alter, von Rasse und anderen Eigenschaften des Hundes ebenso abhängen kann wie von dessen Geschlecht, ist ein weiterer wichtiger Faktor. Erfahrungsgemäß ziehen sich in manchen Persönlichkeitsfaktoren Gegensätze geradezu an, so kann der als A-Typ bezeichnete, eher extravertierte, mit aktiver Problemlösung auch eher vorwärts orientierte und der ruhige, bedächtige Bedenkenträger, der als B-Typ bezeichnet wird, gemeinsam oft eine viel stabilere Beziehung ausbilden, als zwei gleiche Typen dieses Persönlichkeitsfaktors. Umgekehrt können aber in manchen Bereichen auch nur »Gleich und Gleich gesellt sich gern« als erfolgreiches Team auftreten. Wenn einer von beiden, Mensch oder auch Hund, ein eher ungeselliger Eigenbrötler ist und der andere eine »Partymaus«, wird einer entweder depressiv oder der andere hyperaktiv bzw. überfordert sein. Das sollte durchaus bereits bei der Wahl der Rasse/des Hundetyps berücksichtigt werden, betrifft aber auch individuelle Ausprägungen.

- Die Zuverlässigkeit und Vorhersagbarkeit des Sozialpartners ist ein ganz besonders wichtiger Faktor. Gerade Menschen, die selbst keinen Plan vom Leben haben, sind als Chaoten nicht besonders geeignet für eine stabile Beziehung. Nicht selten wird von »Hundekennern« angeraten, der Mensch solle unberechenbar bleiben, um für seinen Hund interessanter zu sein. Wer aber unter Zweibeinern selbst einmal versucht hat, mit einem solchen Artgenossen eine Beziehung aufzubauen, kann hier mitreden und die Warnung verstehen. Und hiermit sind nicht situativ veränderbare Gegebenheiten und angepasste, variierende Verhaltensweisen gemeint, sondern ein wahlloses Hü und Hott nach Stimmung, Wetterlage oder Windrichtung – oder der Kombination aus allem.
  Menschen mit emotionaler Instabilität, Launenhaftigkeit oder gar psychischen Erkrankungen mit starken Gemütsschwankungen, sind für Hunde als Beziehungspartner nur schwer einzuschätzen. Dass sich manche Hunde, besonders dann, wenn sie zur gewissenhaften Sorte gehören, dann in dieser Beziehung besonders engagieren, sich sehr stark um ihren Menschen kümmern und dadurch möglicherweise auch selbst den Rückzug aus dem sozialen Umfeld antreten, sich wenig für andere Hunde interessieren etc., steht auf einem anderen Blatt. Eine solche Beziehung, bei der sich der Hund um den Menschen sorgt und diesen betreut und sein Leben führt, ist gerade bei Assistenzhunden Teil ihrer Stellenbeschreibung. Gerade hier treten aber oftmals Störungen auf, die nur durch regelmäßige Urlaubs- und Erholungsphasen vom 24-Stundendienst vermeidbar sind. Und dann muss der Hund auch einmal einfach nur Hund sein dürfen – ohne allzeitige Habachtstellung!

Auch andere, manchmal von Trainerseite pauschal empfohlene Maßnahmen, laufen den sozialen Bedarfslagen des Hundes zuwider, sind oftmals kontraproduktiv und führen zu einer zunehmenden Verschlechterung der Allgemeinbeziehung des Hundes zum Menschen.

Solche Tipps sind beispielsweise u.a. weitere populäre Mythen (siehe Kapitel 5, Seite 108):

- ➔ Der Mensch soll sich unberechenbar machen, um das Interesse des Hundes an ihm zu erhöhen. Wer zum Beispiel den Hund bei versuchter Kontaktaufnahme mal überschwänglich streichelt, mal anschreit, mal schier erdrückt und mal rüde wegschupst, wird nicht Interesse, sondern Verunsicherung beim Hund säen. Natürlich kann (und muss!) auch ein Hund lernen, dass nicht zu jeder Zeit alles möglich ist, was dem vierbeinigen Kumpel so in den Sinn kommt. Natürlich muss auch er lernen, ein »Nein« oder »Jetzt nicht« zu akzeptieren, Impulskontrolle und Frustrationstoleranz aufbauen. Doch das sollte in einem situativen Kontext stehen und nicht die überwiegende Zeit des Tages betreffen. Wer eigentlich nie Zeit für seinen Hund hat (oder Lust auf ihn und seine – auch haarige! – Gesellschaft), der hätte sich ein solch soziales Lebewesen besser nicht ins Haus geholt.

- ➔ Die Nahrungsversorgung des Hundes soll er sich »verdienen«, sie steht im Zusammenhang mit geleisteter Vorarbeit. Häufig wird dies mit dem Begriff der Handfütterung in Zusammenhang gebracht. Handfütterung demonstriert Abhängigkeit, aber schafft dadurch nicht automatisch Bindung! Wie der Sahneklecks auf dem Pflaumenkuchen, so kann Handfütterung oder alternativ das Füttern aus dem Futterbeutel, kooperatives Agieren mit dem Menschen »versüßen«. Doch sollte es als genau dieses auch gesehen und gewertet werden. Mit Bindung, Bindungsaufbau oder -förderung hat das vorrangig nichts zu tun. Handfütterung kann Sinn machen und unterstützend positive Effekte erzielen. Das kommt aber auf den Einzelfall und den Kontext an!

- ➔ Die Nahrungsversorgung des Hundes hängt von allgemeinem Wohlverhalten ab. Schlechtes Benehmen = Nahrungsentzug! Was soll der Hund daraus lernen? Sicherlich nicht, dass der Mensch seine existenziellen Bedürfnisse stillt, für sein Überleben gesorgt wird und dies gesichert ist.

- ➔ Ein Hund sollte aus Prinzip ignoriert werden. Ganze »Erziehungsstile« propagieren den (tierschutzwidrigen!) reduzierten Umgang mit dem Hund, um dessen niedere Stellung zu demonstrieren/aufrecht zu erhalten. Im Haus hat er auf seiner Decke zu liegen und darf diese nur mit Erlaubnis oder auf Aufforderung hin verlassen. Im Grunde fristen auch viele ausschließliche Zwingerhunde bei Einzelhaltung ein solch unbeachtetes Dasein. Die aktuelle Tierschutz-Hundeverordnung sagt in § 2.1 explizit, dass »einem Hund (...) ausreichend Auslauf im Freien außerhalb eines Zwingers oder einer Anbindehaltung sowie ausreichend Umgang mit der Person, die den

Hund hält, betreut oder zu betreuen hat (Betreuungsperson), zu gewähren (ist). Auslauf und Sozialkontakte sind der Rasse, dem Alter und dem Gesundheitszustand des Hundes anzupassen.« Bleibt nur die Frage: »Was ist angepasst?«

- Auch hier und da zu erleben, dass Hunde zur Strafe für ihre Missetaten ignoriert werden. Kinder werden ja gern bei Fehlverhalten mal separierend »ausgesperrt«, in ihre Zimmer geschickt (was immer noch besser ist als das Wegsperren in dunkle Keller, was nicht selten den Nachkriegsgenerationen widerfahren ist und manch einen Heranwachsenden nachhaltig traumatisierte). Nicht gemeint ist das Schicken eines hundlichen »Terroristen« auf seinen Platz, seine Decke oder auch in den Garten oder den Flur, um zu viel überschäumender Energie, zu aufdringlichem Aufmerksamkeitheischen oder zu vehementem Fordern zu begegnen. Wie bereits gesagt, auch ein »Nein« oder »Jetzt nicht« muss ein Hund lernen und akzeptieren. Doch kommt es auf die Vermittlung an.

- Letztlich ist auch die Verfügbarkeit des Menschen zu berücksichtigen. Hier geht es nun nicht darum, mit einem abwesenden Partner Kontakt zu halten, sondern um die relative Verfügbarkeit, die zum Beispiel in mehrköpfigen Familien durchaus ein Faktor sein kann. Wenn ein Familienmitglied den Hund sehr stark auf sich fixiert oder (z.B. Diensthundeführer) durch eine besonders hochwertige und schwierige gemeinsame Arbeit ohnehin besonders attraktiv ist, fällt es den anderen Familienmitgliedern oftmals sehr schwer, für diesen Hund überhaupt noch soziale Bedeutung zu haben. Dies kann spätestens dann zum Problem werden, wenn der Plan-A-Mensch zum Beispiel plötzlich durch Krankheit oder andere individuelle Probleme ausfällt, und kein Plan-B-Mensch vorhanden ist, der sich dann auch einigermaßen umfassend mit dem Hund beschäftigen kann. Daher ergeht hier dringend der Ratschlag, gerade bei solchen Konstellationen eigene, andere gemeinsame Interessen zwischen den sonstigen Familienmitgliedern und dem Hund aufzubauen, die nur diese, und nicht die Hauptbezugsperson abdecken, beispielsweise andere Formen von Beschäftigung, spezielle Spiele, andere Spazierwege, andere Sportarten usw. Dann kann beim Ausfall der Hauptbezugsperson ein Plan-B-Mensch übernehmen. Auch hier kann unser Marktplatzmodell nochmals helfen: Wenn Sie mit einer ganz besonderen Sorte von Backwaren, einer speziellen Brot- oder Kuchensorte aufwarten können, die sonst niemand verkauft, können Sie mit Ihrem Verkaufswagen sogar auf dem Parkplatz eines Einkaufszentrums Geschäfte machen, obwohl sich dort vielleicht eine Filiale einer Großbäckerei befindet. Wenn Sie aber versuchen, die gleichen Brot- und Kuchensorten anzubieten wie die Filiale der Großbäckerei auch, werden Sie als kleine Bäckerei mit Verkaufswagen keinen besonderen Erfolg haben.

Gemeinsam etwas zu unternehmen, was Beiden Spaß macht, fördert die Bindung.

Die Ausbildung von sozialen Beziehungen ist immer mit einem gewissen Aufwand verbunden, sowohl zeitlich, als auch energetisch. Es zeigt sich beispielsweise, dass während der Neubildung von sozialen Beziehungen zunächst der Pegel des Stresshormons Cortisol steigt. Dieses Kribbeln im Bauch, bevor man eine neue Freundschaft oder andere Beziehung aufbaut, kennen wir ja auch. Sobald man einander dann etwas besser kennt, steigen jedoch auch die Konzentrationen anderer, für das Steuern des Sozialverhaltens wichtiger Hormone an. Zunächst kann mittels Dopamin, des Selbstbelohnungsbotenstoffs, die Vorfreude auf das nächste Treffen aktiviert werden. Wenn man sich miteinander wohlfühlt, einander besser kennt, und dann auch die nächste gemeinsame Aktivität geradezu mit vorfreudiger Erwartung positiv empfindet, steigert das Dopamin über seine Wirkungen im Lernsystem auch die Speicherung der gemeinsamen Erlebnisse und der Eigenschaften des zukünftigen Beziehungspartners. Steigt dann auch noch der Wohlfühlaspekt, dann kann über das Oxytocin so langsam auch die emotionale Komponente ins Spiel kommen. Das Oxytocin- und Vasopressinsystem sind die beiden Botenstoffe, die mit der Steuerung nicht nur sozialer Beziehungen, sondern auch mit der Bildung von Bindungen eine deutliche chemische Marke hinterlassen.

»Aus Untersuchungen weiß man, dass die Qualität der Bindung zwischen Hund und Besitzer eine wesentliche Rolle spielt, ob der Stresslevel in Form des Cortisolspiegels beim Umgang miteinander sinkt oder steigt. Bei Hunden mit einer sicheren Bindung zu ihren Haltern ist der Abfall des Stresshormons nach einem gemeinsamen Spiel und einem Bindungstest deutlich nachweisbar. Das liegt übrigens auch daran, dass Hunde Eigenschaften von ihren Haltern übernehmen. Hunde, deren Halter offen und optimistisch sind, tun sich leichter beim Stressabbau. Wenn man auf einen Hund trifft, der nervös, ängstlich oder sogar angriffslustig wirkt, kann man davon ausgehen, dass sein Besitzer gestresst und unausgeglichen ist, denn auch Hunde neigen zu einem schlechteren Stressmanagement, wenn ihre Besitzer generell unsicher in Beziehungen sind.

Zudem sind Hunde, die keine sichere Bindung zu ihrem Halter haben und ihn oder sie als unzuverlässigen Partner erleben, gestresster als Hunde verlässlicher Besitzer.«*

Vorsicht: In diesem Zusammenhang soll gewarnt werden vor der häufigen Praxis von Tierheimen, potentielle Vermittlungskandidaten mehrere Male für Stunden oder Tage in das neue Zuhause zu geben, bevor die endgültige Übernahme erfolgt. Autos kann man Probe fahren, nicht aber Sozialpartner »Probe leben«! Sicherlich gibt es den ein oder anderen Individualisten, der im wahrsten Sinne des Wortes ein dickes Fell hat. Doch darf man das nicht verallgemeinern. Musste ein Hund bereits im Vorfeld Enttäuschungen ertragen, so summiert sich eine Negativerfahrung zur nächsten und erschwert die Beziehungsbildung. Häufig kehren sich diese Hunde nach innen, werden apathisch und depressiv. Auch für sehr unsichere bis ängstliche Tierheimbewohner ist ein häufiges Hin und Her nur belastend. Wie es mit dem Zusammenleben funktionieren wird, zeigt sich in der Regel eh nicht in den ersten Tagen, sondern meist erst nach zwei bis drei Monaten.

* Werner Stangl, 2018, Hund und Mensch, ein Vertrauensverhältnis. Werner Stangls Arbeitsblätter-News, http://arbeitsblaetter-news.stangl-taller.at/hund-mensch-vertrauen/, aufgerufen 2018-07-14

Manchmal möchte man einfach nur den Kopf in den Sand stecken! Ein Laubhügel tut es auch ...

Von der Beziehung zur Bindung

Und damit kommen wir zum Wichtigsten, nämlich der Bindung schlechthin. Bindungen sind im Gegensatz zu Beziehungen eben nicht nur individuell, sondern auch emotional. Dadurch, dass der Bindungspartner im Gehirn jeweils eine sogenannte innere Repräsentanz hat, man also stets ein Bild des Partners in sich trägt, auch wenn dieser gerade nicht anwesend ist, kann die Bindung auch dann eine segensreiche und wohltuende Wirkung entfalten, wenn man zufällig gerade nicht beieinander ist. Die Wohlfühlaspekte einer sozialen Bindung, die sich beispielsweise in einem gesünderen Allgemeinzustand, geringerer Anfälligkeit für stressbedingte Krankheiten, aber vielfach auch in einem ausgeglicheneren Status der Sexualhormone und damit einer erhöhten Reproduktionsfähigkeit widerspiegeln, sind in vielen Studien an sehr vielen Tierarten (Vögel wie auch Säugetiere) mit individualisierten Bindungen immer wieder nachgewiesen worden. Auch zwischen Mensch und Hund kommt es zu solchen Ausbildungen. So haben Studien japanischer Arbeitsgruppen (Nagasawa et al., 2015) gezeigt, dass Menschen und Hunde nach regelmäßigem

Hunde haben Interesse an Sozialkontakten. Das kann dann gern auch artübergreifend erfolgen, wenn man sich kennenlernen durfte.

Blickkontakt im Laufe einer halbstündigen Versuchsperiode oder nach regelmäßigen Spielaufforderungen und Spieleinheiten im Laufe dieser Zeit, einen höheren Wert des als Bindungshormon bezeichneten Oxytocins aufweisen. Oxytocin wiederum ist eine wichtige Komponente der sozialen Unterstützung im physiologischen Sinn, es senkt die Ausschüttung von Stresshormonen, macht das Herz-Kreislauf-System weniger anfällig für Atherosklerose und andere Gefäßverschluss- und Infarktgefahren, erhöht aber auch die Lern- und Konzentrationsbereitschaft. Wer in einer guten, stabilen Bindung lebt, hat bessere Chancen, eine Prüfung gut zu bestehen, konzentriert sich besser auf die Prüfungsaufgaben und ist dabei auch ausdauernder. Auch diesen Effekt hat man zwischen Hund und Mensch bereits nachgewiesen. Hunde in Anwesenheit ihres individuell gebundenen Hauptbezugsmenschen sind ausdauernder und damit auch erfolgsorientierter in der Lösung von schwierigen Bastel- und Intelligenzaufgaben, und der individuell persönlich gebundene Hauptbezugsmensch kann sie zu temperamentvollem, ausgelassenem und überschäumendem Spiel motivieren.

Die Exklusivität des Bindungspartners bedeutet ausdrücklich nicht, dass man nur **eine** Bindung aufbauen kann. Aber jeder Bindungspartner kann durch keinen der anderen ersetzt werden. Auch wer mehrere Kinder hat, sollte zu jedem dieser eine individuelle Bindung haben, und auch diese Kinder sollten einander gegenseitig nicht im Emotionsgefüge der Eltern ersetzen können.

Ebenso wichtig ist es zu betonen, dass gerade bei Hundeartigen der Bindungscharakter sehr viel stärker sozial und eigentlich nur randmäßig sexuell motiviert ist. Das Bindungssystem im Gehirn eines Säugetiers besteht ohnehin aus mehreren Komponenten, eine davon ist eben das sexuelle Lustsystem, eine andere das für Panik, Verlust und Trauer zuständige Angstsystem, und eine Dritte, das Selbstbelohnungssystem. Oftmals kommt auch noch das sogenannte Fürsorgesystem dazu. Das Fürsorgesystem, dessen Hauptbotenstoffe eben das Oxytocin und seine chemische Verwandtschaft sind, wird nicht nur zwischen Mutter und Kind aktiviert. Auch Menschen, die von ihrem Hund erzählen, aktivieren genauso dieses Fürsorgesystem im Gehirn. Und Hunde, die die Stimme ihres Menschen vom Tonband oder dessen Geruch wahrnehmen, aktivieren es eben auch. Deshalb hat ein Forscher in einem Übersichtsartikel einmal davon gesprochen, dass Hunde das Bindungssystem der Mutter-Kind-Beziehung des Menschen gekapert hätten (Hare, 2015). Jedoch muss dringend betont werden, dass es sich hierbei **nicht** um eine einseitige Vorgehensweise handelt, und dass hier auch keine manipulativen oder anderweitig rein egoistischen Interessen dahinterstecken. Leider wird dies dem Menschen oft von manchen, eher kontrolletti-artig gestrickten Trainern vermittelt. Hunde haben, wie beispielsweise die Untersuchungen der Wiener Arbeitsgruppe zeigen, nicht nur ein ausgesprochenes Bedürfnis nach Kontakt zum Menschen (Kotrschal, 2012). Sie haben auch ein Bedürfnis danach, dem Menschen zu gefallen, mit dem Menschen zu kooperieren und mit diesem eine Bindung aufzubauen. Selbst handaufgezogene und menschgeprägte Wölfe dagegen haben das nicht. Gerade die Bestrebungen, dem Menschen zu gefallen, mit ihm zu kooperieren und sich für ihn und seine Interessen einzusetzen, sind die Basis der besonderen stammesgeschichtlich entwickelten Beziehung zwischen Hund und Mensch.

Wer erzählt, ein Hund wolle den Menschen ständig immer nur ausnutzen, ihm auf der Nase herumtanzen und sich gegebenenfalls noch über ihn erheben und die Weltherrschaft übernehmen, erzählt nicht nur rasenden Unfug, sondern

Die wenigsten Hunde wollen Häuptling sein! Das ist viel zu anstrengend.

beschädigt auch diese einmalige, stammesgeschichtlich besonders gewachsene Beziehung zwischen zwei verschiedenen Tierarten. Und er begeht in gewisser Weise sogar Aufforderung zur gefährlichen Körperverletzung. Denn die Wohlfühlwirkungen des Hundes auf die menschliche Gesundheit sind in vielen Untersuchungen mittlerweile deutlich belegt. Und die meisten dieser Untersuchungen zeigen ganz eindeutig, dass es hier nicht um die sportlichen Trainingseffekte des Spazierengehens oder des bei Wind-und-Wetter-durch-den-Wald-traben-Müssens geht, sondern eben um die Auswirkungen des Bindungssystems auf Herz und Kreislauf, Stresshormonsystem, Immunabwehr und auch auf den nächtlichen Tiefschlaf.

Dass soziale Bindungen zwischen Lebewesen mehr sind, als eine reine materielle Abhängigkeit, hat in den 1960er-Jahren zunächst der amerikanische Forscher, Harry Harlow, in sehr aufschlussreichen, wenn auch hochgradig belastenden Versuchen mit Äffchen gezeigt. Harlow konnte Affen, die nach der Geburt von ihrer Mutter abgenommen und mit Fläschchen aufgezogen wurden, in einem Käfig mit mehreren verschiedenen möglichen Kontaktstellen ausstatten. Eine davon war eine Art Plüschteddy, die andere ein Drahtgestell, das eben die Milchflasche enthielt. Die Äffchen hielten sich den größten Teil der Zeit bei dem Plüschfellteddy auf, und insbesondere, wenn sich ein Mensch bedrohlich dem Käfig näherte, stiegen sie alle von der Milch-Draht-Attrappe herunter und kletterten zum Plüschteddy. Dies zeigt, dass die Beziehung eines kleinen Kindes zu seinem Elterntier auch sehr viel mehr Komponenten aufweist und nur zu einem geringen Anteil an der Fütterung liegt. Diese These wurde später durch das von John Bowlby und Mary Ainsworth aufgestellte Bindungsmodell gestärkt, das seit den 1990er-Jahren glücklicherweise auch in vielen Arbeitsgruppen und manchen Hundeschulen für die Betrachtung der Hund-Mensch-Beziehung benutzt wird.

Das kleeblättrige Bindungsmodell

Da ist zunächst der Bindungsfaktor »Nähesuchen«. Dies bedeutet, dass die Annäherung an und der Aufenthalt in naher Umgebung des Beziehungspartners bereits von sich aus eine selbstbelohnende Wirkung hat. Gerade hier ist wahrscheinlich

Das Bindungsmodell von John Bowlby und Mary Ainsworth geht davon aus, dass eine stabile, gesicherte Bindung, sei sie zunächst zwischen Kind und Eltern oder auch später zwischen anderen Sozialpartnern, im Wesentlichen aus vier, möglichst gleichwertigen und gleichgroßen Komponenten besteht. Es wird deshalb mit einem vierblättrigen Kleeblatt verglichen.

Auch Hunde mögen es gemütlich, in welchem Umfang das sein kann, entscheidet der Halter. Mit Dominanzstreben hat es nichts zu tun, wenn auf dem Sofa oder Bett geruht wird.

das Oxytocinsystem unter anderem wesentlich beteiligt, wie die genannten Studien zum Blickkontakt zwischen Hund und Mensch eben für beide Beteiligte belegen können. Es fühlt sich einfach gut an, in der Nähe eines bevorzugten Bindungspartners zu sein, auch wenn man gerade keine gegenseitigen Aktivitäten wie etwa soziale Körperpflege oder andere Gemeinsamkeiten ausübt. Bei Hundeartigen ist oftmals das Nähesuchen als sogenanntes Kontaktliegen durchaus auch mit einigen Zentimetern bis Dezimetern Abstand zu sehen, man koordiniert sich gemeinsam, stimmt sich aufeinander ab. Wie Untersuchungen an Hunden mehrfach gezeigt haben, ist dieses Nähesuchen – insbesondere nachts – von besonderer Wichtigkeit. Hunde, die nachts in der Nähe ihrer Menschen schlafen können, beispielsweise im Schlafzimmer, ob es auch im Bett sein muss kann jede/r selbst entscheiden, sind nicht nur ruhiger und weniger anfällig für Hyperaktivitätsstörungen, sie schlafen auch nachts ruhiger durch. Dies sollte vor allem jenen immer wieder zum Abschreiben als Strafarbeit aufgegeben werden, die den Hund zur sogenannten Rangreduktion nachts aus dem Schlafzimmer verbannen wollen! Wenn der Hund selbst entscheidet, lieber auf dem kühlen Fliesenboden in der Diele zu liegen, oder es sich lieber sogar im Windfang vor

der Haustür gemütlich macht, ist dies selbstverständlich seine freie Entscheidung. Aber aufzwingen sollte man ihm dies in keinem Falle.

Der zweite, ebenso wichtige Bindungsfaktor ist die Trennungsreaktion. Nur wer eine Trennungsreaktion zeigt, kann auch als gebunden betrachtet werden. Dies soll nun nicht bedeuten, dass der Hund in wenigen Minuten zehntausend Euro Schaden in der Wohnung anrichtet, wenn man ihn alleine lässt. Es bedeutet jedoch, dass ein Hund, der weder äußerlich noch innerlich die Abwesenheit seines Menschen kommentiert, und der auch beim Heimkommen des Menschen keinerlei äußere oder innere Freude zeigt, eben keine gesicherte stabile Bindung aufweist. Wir werden auf diese Problematik beim Thema der Bindungsstörungen nochmals eingehen. Eine Trennungsreaktion bedeutet, dass man die Abwesenheit des Bindungspartners beispielsweise durch Reduzierung der Allgemeinaktivität, Reduzierung des Erkundungs- oder Spielverhaltens oder durch geänderte Ruhepositionen im häuslichen Umfeld zeigt. Ebenso ist das freudige oder zumindest deutlich positive Begrüßen des heimkommenden Bindungspartners hier von Bedeutung.

Die Trennungsreaktion läuft in mehreren Stufen ab, wobei beispielsweise die erste, als Protestphase bezeichnete Stufe, meistens mit einem intensiven Suchen, Rufen und anderen kontaktsuchenden Verhaltensweisen kombiniert ist. Die zweite nach einigen Tagen einsetzende Depressionsphase kann jedoch zu einer reduzierten bis eingestellten Allgemeinaktivität, Desinteresse, Fressunlust und oft auch einem sehr schnellen körperlichen Verfall bis hin zu schweren bis tödlichen Erkrankungen führen. Das bereits in den ersten Phasen der Trennung geäußerte lange Heulen und Rufen hat dagegen nichts mit einer Trennungs- und Trauerdepression zu tun, sondern ist als Stimmführungsruf anzusehen, wie ihn Konrad Lorenz beispielsweise bei seinen Gänsekuken mit den Worten »Hier bin ich, wo bist du?« umschrieben hat. Eine Untersuchung an ebenfalls handaufgezogenen, aber in Gruppen gehaltenen Wölfen in einem nordamerikanischen Wolfspark hat beispielsweise gezeigt, dass beim Herausnehmen eines einzelnen Wolfes für einen Leinenspaziergang das Rufverhalten der zurückgebliebenen Gruppe in keiner Weise mit dem Stresshormonpegel in Einklang war. Wenn der Ranghöchste oder ein anderes wichtiges Tier aus der Gruppe entfernt wurde, haben alle gerufen. Individuell gerufen hat derjenige, dessen Bindungspartner aus der Gruppe genommen wurde. Das muss nicht gleichzeitig ein ranghohes Tier sein! Mit dem Spiegel des Stresshormons Cortisol aber standen beide Rufe nicht in Verbindung.

Als dritten wichtigen Bindungsfaktor, der dem Nahesuchen gewissermaßen gegenübersteht, wird der Sichere-Basis-Effekt bezeichnet. Hier könnte man auch im Hundetrainerjargon von Außenfokus sprechen. Das Nähesuchen wäre dann der Innenfokus. Der Sichere-Basis-Effekt bedeutet,

Hunde zeigen unterschiedliche Trennungsreaktionen, sollten aber lernen, alleine zurückzubleiben, ohne das Mobiliar zu zerlegen oder Nervenzusammenbrüche zu erleiden.

dass der Hund in Anwesenheit seines Beziehungspartners Mensch intensiver Neugierverhalten, Spielverhalten, Erkundungsverhalten, angefangen mit Schnuppern über Lauschen und Lochgraben zeigt. Auch das Lösen schwieriger Intelligenzaufgaben und sich Hineinvertiefen in komplizierte Sucharbeiten fällt leichter. Es wurde bereits belegt, dass Hunde, deren Halter einen besseren Sichere-Basis-Effekt ausüben können, nicht nur länger und intensiver an schwierigen Aufgaben arbeiten, sondern auch beispielsweise in der Such- und Rettungsarbeit deshalb bessere Leistungen bringen können.

Es kann nicht ausdrücklich genug betont werden, dass nur eine ausgeglichene Verteilung zwischen Innen- und Außenfokus auf eine stabile Beziehung des Hundes zu seinem Menschen hindeutet. Hunde, die ständig mit dem Blick im Gesicht ihres Menschen hängen, und dies auch gegebenenfalls sogar ohne Leckerli tun, oder gar Hunde, die nur wegen des unter der Jacke getragenen Bällchens oder des im Mund gehaltenen Leckerlis deswegen überhaupt Blickkontakt mit ihrem Menschen aufnehmen, sind nicht sicher oder gar gut gebunden. Dies ist übrigens auch eine Fehlinterpretation der häufig als besonders eng bezeichneten Bindung der Hunde von Obdachlosen und sozial auffälligen oder auch suchtbehafteten Menschen. Diese Hunde sind eher selten sicher gebunden. Stattdessen zeigen sie viele Kriterien einer noch zu besprechenden unsicheren Bindung und müssen sich ständig auf ihren Menschen konzentrieren, weil sie bei dessen Unberechenbarkeit eben immer schnell reagieren müssen.

FALL BEISPIEL

Fly

Fly ist eine Shepherd-Hündin von 4 Jahren. Sie brachte den Amtsschimmel zum Wiehern, da sie in »Gefahr drohender Weise einen Menschen angesprungen« hatte, was zur Anzeige gebracht wurde. In der Verhaltensüberprüfung sollte die Gefährlichkeit des Hundes gemäß § 3 Abs. 3 Satz 1 Nr. 4 LHundG NRW festgestellt werden. Fly hatte auf einem Spaziergang eine ältere, nicht allzu große Frau frontal angesprungen. Die Frau erschreckte sich, stolperte nach hinten und fiel auf den Bürgersteig, wobei sie sich einige blaue Flecken zufügte. Fly war an einer normalen Führleine, zusätzliche Beißattacken hatte es nicht gegeben, die Besitzer konnten sich den Vorfall nicht erklären. Bei der Vorstellung des Hundes zur Verhaltensüberprüfung wurde Fly mit unterschiedlichsten Passanten, Radfahrern, Joggern, anderen Hunden, Skatern und allem sonstigem Möglichem konfrontiert, ohne dass sich geringste Irritationen oder Ausfallerscheinungen beim Hund zeigten. Fly lief ruhig an der Leine, zeigte guten Grundgehorsam, war offen und ansprechbar. Die einzige Auffälligkeit war die Tatsache, dass Fly immer wieder sehr konzentriert und anhaltend zu Herrchens und Frauchens Taschen und Händen schaute, fast schon stierte, wenn die Gelegenheit dazu war. Auf die Frage, ob in den Taschen Leckerchen wären, kam die Aussage, dass Fly nicht sehr futtermotiviert wäre. Aber sie wäre eben sehr auf Frauchen und Herrchen fixiert und gut gebunden, ließe sie draußen nicht aus den Augen und folge auf Schritt und Tritt. Insgesamt war Flys Verhalten schon etwas auffällig. Zwar nicht im eigentlichen Sinne von »gefährlicher Hund«, aber eben doch auf bestimmte Art und Weise nicht natürlich, nicht »normal«.

Es wurde ein wenig tiefergehend nachgefragt, wie die Haltungsbedingungen des Hundes sind, wie der Tagesablauf, wie die Auslastung des Hundes erfolgt und womit er sich selbst oder in Gesellschaft und unter Mitwirkung seiner Menschen gern beschäftigt. Und langsam eröffnete sich des Rätsels Lösung!

Flys absolute Begeisterung gilt dem Ballspiel! Frauchen oder Herrchen werfen den Tennisball, dem Fly begeistert hinterherstürmt, zurückbringt und den Menschen in die Hand gibt. Dann wird erneut geworfen, gejagt, wiedergebracht. Eine Variante im Spiel ist es, dass die Menschen den Ball in der Hand halten und Fly darf ihn sich dort wegnehmen, um allein damit zu spielen, ihn in die Luft zu werfen, zu fangen, hinterherzulaufen und auf Aufforderung wieder in die Hand zu geben. Daher auch das große Interesse an den Händen und den Taschen, in welcher sonst eben auch der geliebte Tennisball transportiert wird. Aus der Verhaltensüberprüfungs-Utensilientasche vor Ort wurde ein Ball genommen und es zeigte sich augenblicklich ein großes Interesse und eine hohe Motivation beim Hund. Wer den Ball in der Hand oder in der Jackentasche hatte, dem galt die uneingeschränkte Aufmerksamkeit des Hundes. Nun wurde auch den Besitzern deutlich, wie groß die Faszination des Balls für Fly war. Und dass die erlebte Folgebereitschaft nicht ihnen als Flys Menschen galt und auf guter Bindung beruhte, sondern sich auf jeden Menschen problemlos übertragen ließ, der den Ball mit sich führte. Das zu Erlebende machte die Hundebesitzer doch etwas nachdenklich.

Nun wurde der Vorfall nochmals genauer durchgesprochen und analysiert. Und dabei kam nun endlich auch eine bisher als unwesentlich betrachtete »Kleinigkeit« zutage. Die ältere Dame kam vom Markt und hatte eine gelbe Galliamelone in der Hand vor dem Körper getragen. Vielleicht war Fly an diesem Tag unausgelastet, vielleicht war ihr langweilig, vielleicht war es einfach nur eine Fehlassoziation. Offenbar reagierte sie auf die Melone in der Hand der Frau, wähnte darin ein Spielzeug, welches sie sich holen wollte – sie sprang übermütig und unerwartet gegen die Dame, wodurch es zu dem Unfall kam.

Der vierte, ebenso wichtige Bindungsfaktor, ist der sichere Hafen. Gerade in Krisensituationen muss der Mensch als Rückzugsort für seinen Hund zur Verfügung stehen. Pauschale Sprüche wie »Das müssen die unter sich ausmachen«, »Wenn Dein Hund Gedöns an der Leine macht, lässt Du wortlos die Leine fallen, drehst dich weg und gehst weg«, oder »Die Angst des Hundes muss man ignorieren, damit sie ihm nicht noch ankonditioniert und bestärkt wird«, sind hier Gift für eine gute und stabile Beziehung. Ein Beziehungspartner muss zuverlässig sein, wie wir bereits gesehen haben. Umso wichtiger ist das für die emotionale Bindung. Wie soll man ein gutes inneres Bild des Bindungspartners in sich tragen, wenn dieser sich bei der ersten Gelegenheit einer leicht aufziehenden Problemsituation einfach vom Acker macht? Wir vergleichen hier das Zusammenwirken von Hund und Mensch gerne mit dem Zusammenwirken von Kapitän und Co-Pilot im Flugzeugcockpit. Nur derjenige Kapitän wird als Leitfigur respektiert, der dann auch bei Krisensituationen das Steuer übernimmt und zumindest ansatzweise weiß, wie man das Problem löst. Erst recht aber kann nur ein solcher Flugkapitän, der sich eben auch empathisch und einfühlsam mit den Problemen seines Co-Piloten auseinandersetzt, ein geschätzter Freund werden.

Wohlgemerkt: Hier ist nicht die eventuell aufgrund der Gesamtumstände notwendige Demonstration im Sinne von »Ich steh' nicht an Deiner Seite, wenn Du meinst stänkern zu müssen, weil Du Dich in meiner Nähe stark fühlst!« gemeint. Es gibt durchaus fruchtbare Ansätze, bei welchen einem Großmaul-Randalierer mittels Distanzerhöhung zum eigenen Menschen – Leine lang lassen und vom Hund weggehen – quasi die »Gefolgschaft«

verweigert wird. »Stänkern? Ohne mich!«. Doch darf das Duo sich nicht mit dieser Maßnahme begnügen, sondern muss eine grundsätzliche Lösung und Vorgehensweise erarbeiten, damit es in der Zukunft anders verläuft. Und hier liegt auch schon fast die Lösung des Problems »Leinen-Rambo«: Der Hund muss aus dem Verantwortungs- und Entscheidungs-, sprich Handlungsbereich herausgenommen werden. Sein »Kapitän«, sein Mensch, muss das Ruder des Alltags in Krisensituationen übernehmen, aktiv, vorausschauend und umfassend. Leinenpöbler sind im überwiegenden Fall unsichere Hunde, was ihre Verhaltensweisen noch verstärkt. Die zugehörigen Menschen sehen dies häufig nicht, werten das Gebaren als »Dominanz« und fühlen sich selber hilflos. Ein Teufelskreis, der durch die Erhöhung der Distanz zum auslösenden Reiz manchmal schon durchbrochen werden kann. Wie dann der weitere Übungsverlauf aussehen könnte, ob mittels positivem Management oder Etablierung von Abbruchsignalen oder beidem gearbeitet werden sollte, ist einem individuell auf das Mensch-Hund-Team angepassten Trainingsplan zu entnehmen. Hier braucht es Einzeltraining unter kompetenter Anleitung, statt Gruppentraining und Gehorsamsdrill auf einem Hundeplatz!

Die genannten Bindungsfaktoren sind im Verhältnis bei einem älteren, also postpubertären und erwachsenen Hund zwar nicht vollständig gleich wichtig und gleich gewichtet, sollten aber doch ansatzweise einem vierblättrigen Kleeblatt ähneln. Bei Welpen und Junghunden bis zum Abflauen der Pubertat ist dies anders. Dort ist die Bindung ohnehin noch nicht symmetrisch ausgebildet, und es kommt vielfach noch zu verschiedenen, meistens auch eher in Richtung einer unsicheren Bindung sich entwickelnden Teilkomponenten. Wichtig ist jedoch, dass der Mensch auch in diesen früheren Phasen der Entwicklung dem Hund hilft, seinem Alter entsprechend jeweils die für ihn wichtige und richtige Balance zwischen den verschiedenen Komponenten zu finden. Dies kann in unserem kleinen Basics-Ratgeber nicht für alle Hunde der Welt eindeutig geschildert werden, da eben die Erfahrungen, die Rasse, das individuelle Mensch Hund-Team und andere Faktoren ebenso die spezielle Lebenssituation und die Lebensumstände hier eine Rolle spielen. Anstreben sollten wir jedoch, dass in jedem Fall ein möglichst großer Ausgleich zwischen den Interessen von Hund und Mensch und zwischen den Komponenten des vierblättrigen Kleeblatts erfolgt. Gegebenenfalls kann ein kompetenter (!) Trainer vor Ort helfen, mögliche eigene Wahrnehmungsschwierigkeiten zu korrigieren. Er sollte aber weder ein Angehöriger der Kontrolletti-Fraktion, noch jemand sein, der den Hund nur durch Sonnenblumenschwenken und Werfen von rosaroten Wattebäuschchen auf die richtige Spur zurückzubringen anstrebt (s.u. Dominanz).

Rituale nützen, Rituale schützen

Für viele Hunde – auch für manche Menschen! – ist die Strukturierung des Alltagsgeschehens mittels Routinen und Ritualen hilfreich. Gerade Trennungsreaktionen, aber auch Rückkehrszenarien,

können darüber gut aufgefangen werden. Fast jeder Hundehalter kennt das Phänomen: Wanderschuhe und derbe Jacke an = Hund steht parat. Leichte Büroschuhe und Business-Dress hervorgeholt = kurzes Aufblicken vom Hund, dann Weiterdösen im Korb oder auf der Decke. Die Hunde unterscheiden bereits am Outfit, ob die nun folgende Aktion Bedeutung für sie hat oder nicht – und reagieren entsprechend. Grundsätzlich fällt das Alleinzurückbleiben im eigenen Zuhause, im eigenen Auto oder in sonstiger vertrauter Umgebung einfacher als in der Fremde. Entsprechend können auch Trennungsreaktionen in ihrer Intensität variieren. Doch spielen Erfahrungen, Lernen und Erlebnisse hier auch eine nicht unbedeutende Rolle. Rituale können helfen, Trennungssituationen erträglicher zu machen.
Die Abfolge der Situation ist durch das Ritual eine gewohnte und das positive Ende wird als bekannt vorausgesetzt. So kann es schon reichen, dem Hund ein »Bello wartet« zum Abschied zu sagen, wenn benannter Bello eben die Erfahrung machen konnte, dass auf den Ausspruch hin über (anfangs) kurz oder (mit langsamer Steigerung) lang, sein vertrauter Sozialpartner wiederkommt. Werden solche Routinen in vertrauter Umgebung etabliert und benannt, so lassen sich mittels der Begriffsnutzung auch Trennungen in unbekanntem Gebiet leichter gestalten. Im Hund ist das Wissen manifestiert: »Wenn mein Partner mir das sagt, dann kommt er auch zurück.«
Und natürlich sollte der Hund auch begrüßt werden, wenn man zurück nach Hause kommt! Wer schätzt einen Sozialpartner, von dem er wie Luft behandelt wird? Das muss ja nicht übertrieben werden, aber selbst ein kurzes »Hallo« gebietet doch schon der Respekt vor dem anderen. Das darf auch ein Hund beanspruchen. Neigt der Hund zum Aufdrehen bei der Rückkehr des Menschen, so lassen sich auch hier wieder durch einzuführende Regeln die Stellschrauben des guten Benehmens justieren. Neigt der Hund zum Springen, können z.B. ein Spielzeug oder auch Futterbröckchen am Boden weggekollert und der erste Elanschwung umgeleitet werden. Manche Hunde laden ihre angestaute Anspannung auch in Form von Imponiertragen ab. So oder so: Wer geht, sagt »Tschüss«, und wer kommt, sagt »Hallo«.
Diverse Wolfsforscher berichten von den wölfischen Heulzeremonien beim Abschied und bei der Rückkehr, häufig gekoppelt mit dem sogenannten Rallying, dem Umeinanderlaufen. Auch das sind Rituale, an denen sich alle orientieren können und die Sicherheit durch Vorhersagbarkeit bedingen.

Autoritative Erziehung

Was für die Erziehung unserer menschlichen Kinder gilt, trifft auch für die Anleitung von Hunden zu: Die sogenannte autoritative Erziehung, also das Setzen von nur wenigen, aber dann sinnvollen und auch konsequent umgesetzten Regeln und Normen, verbunden mit Respekt und emotionaler Wärme, bewirkt die beste Stressresistenz bei größter Alltagstauglichkeit (Gansloßer et al., 2018). Sowohl die autoritär despotische als auch die antiautoritäre Laissez-faire-Erziehung ist bei Kindern als auch bei Hunden problembehaftet. Wenn man

Mütter und Kinder verbindet in der Regel eine gewachsene, stabile Bindung.

eine Regel aufstellen möchte, sollte man sich vorher überlegen, ob diese wirklich nötig ist, um im gesellschaftlichen Alltagsleben besser zu bestehen. Wenn man dieses bejaht (was schätzungsweise für höchsten 5 % der Regeln gelten dürfte, mit denen Hunde leider bei uns immer wieder malträtiert werden), dann sollte man ihre Einhaltung auch konsequent fordern. Auch unsere eigenen Untersuchungen haben beispielsweise gezeigt, dass Hunde nach dem Setzen von kompetent eingeübten Abbruchsignalen durchaus nicht zu einem Meideverhalten ihrem Menschen gegenüber tendierten, was sich zu einer Belastung der späteren Beziehung hätte auswirken können (Kehr et al., 2015). Ganz im Gegenteil, über Versöhnungsverhalten wird oft sehr schnell wieder die Normalität hergestellt. Menschliches Nachtragen und ellenlanges Hinterherschmollen ist Hunden fremd und wird von ihnen auch nicht verstanden!

FALL BEISPIEL

Crissy

»Können Sie uns helfen? Unser Hund macht uns verrückt! Er macht, was er will, obwohl wir ganz klare Regeln im Alltag und im Hausstand haben! Wir sind ratlos!« Crissy ist ein vollpubertärer Goldendoodle. Seine Besitzer sind Ersthundehalter, ein Ehepaar mittleren Alters mit zwei ebenfalls pubertären Kindern. Auffallend beim Hausbesuch, dass alle vier Familienmitglieder wirr durcheinanderreden, es offenbar (klare!) Regel ist, dem anderen zu widersprechen und Zuhören eher seltener vorkommt. Schnell deutlich war eins: Jeder sah etwas anderes in dem Hund und hatte andere Vorstellungen, was Crissy leisten sollte, wofür er »gut« war und »angeschafft« wurde.

Die Tochter wollte einen lebenden Teddybären und einen Trick-Dog, mit dem man Eindruck schinden könnte. Crissy bekam Mützen und Sonnenbrille auf, Jäckchen an, sollte sich kuscheln und knuddeln lassen, sollte »Männchen« und »Rolle« auf Kommando machen und auf »Peng« bewegungslos auf die Seite fallen.

Der Sohn wollte Hundesport mit dem Hund machen. Da er eine Karriere beim Agility anstrebte, übte er für die zugangsberechtigende Begleithundeprüfung, äußerte aber auch Interesse an IPO (früher Schutzhunde»sport« oder Schutz»dienst«), was er gerne auch mit einem Doodle probieren wollte. Der härtere Tonfall und der etwas militärische Übungsaufbau auf dem heimischen Hundeplatz imponierten dem jungen Mann. So wollte er auch mit »seinem« Hund umgehen, wenn auch er von den übrigen Teilnehmern mit gängigen

Gebrauchshunderassen eher belächelt wurde.
Der Vater wollte einen Begleiter beim Joggen, nahm Crissy auch bereits seit dessen 5. Monat auf Strecken von 10 bis 15 Kilometern mit und plante für die Zukunft Marathonläufe. Da der Hund ständig rechts und links vor den Beinen laufe, würde er ihn immer frei mitlaufen lassen, was anfangs auch gut geklappt hätte. Aber jetzt würde Crissy oft abhauen und auch jagen gehen. Das ginge natürlich nicht.

Die Mutter wollte eigentlich gar keinen Hund, fand sich nun zähneknirschend mit der Situation ab, stellte gleichzeitig aber auch Ansprüche an den Vierbeiner. Er solle sich im Haus ruhig und unauffällig verhalten. Damit er nicht alles dreckig macht, hat er ein eigenes »Abteil« im Haus. Ein Raum ist mit einem Kindergitter zum Rest der Wohnung abgetrennt, hier haust Crissy. Ungestört ist er allerdings nicht, denn zur Gästetoilette muss jeder Besucher hier durch, wird stürmisch von Crissy attackiert, was wiederum den Unwillen von Frauchen weckt. Nach den »klaren« (!) Regeln gefragt, die für Crissy ja laut Aussage am Telefon bestehen sollen, offenbart die Familie, dass jedes Familienmitglied quasi eigene Regeln im Umgang mit dem Hund hat, die sich dann auch gelegentlich widersprechen können. So ist »Fuß« beim Frauchen rechts (weil sie als Linkshänderin mit links mehr macht und Taschen auch eher dort tragt), beim Herrchen hat Crissy mit »Fuß« links zu laufen (was der Hund aber eh nicht tut, da er hinrennt, wo er will). Den Kindern ist es völlig egal, wie der Hund läuft, auch, ob er zieht oder nicht. Ist Frauchen froh, wenn Crissy sich an die Regel hält, im Haus außerhalb seines Zimmers auf der Decke ruhig zu liegen, möchte die Tochter dann eher mit ihm etwas unternehmen, scheucht ihn auf, egal, ob er schläft oder nicht. Eigentlich gab es nur eins, was klar war, dass nämlich nichts klar war!

Crissy zeigte sich entsprechend völlig haltlos, zerfleddert, machte, was er wollte, und reagierte auf die Menschen, die man eigentlich gar nicht als »seine« Menschen bezeichnen konnte, nur dann, wenn es ihm in den Kram passte und er seinen Vorteil daraus ziehen konnte.

Den Besitzern fiel es extrem schwer, hier eigene Fehlleistungen in der Anleitung des Hundes und Störungen im Mensch-Hund-Gefüge zu erkennen. Ihrer Meinung nach, war alles geregelt – nur der Hund hielt sich nicht dran. Da der Hund von ihnen Futter und Bespaßung plus Gassigängen erhielt, waren für sie die Bindungskriterien erfüllt. Nur der Hund war eben undankbar und »kümmerte« sich nicht um die Familie und deren Belange. Dass es mit der Erziehung nicht funktionierte, musste an der falsch gewählten Hundeschule liegen, zumal da auch zu oft die Rede von Grenzen setzen und Beachtung von Hundeverhalten war. Man wollte ja nicht beobachten, sondern machen. Und dazu brauchte man nur das »Strickmuster«, eben die Anleitung wie. Deshalb wurde dann auch die Hundeschule gewechselt, hin zu Kollegen, wo es mehr Spiel für die Hunde und auch mal Kaffee und Kuchen für die Menschen gab und jeder mit seinem Hund zehn Minuten allein auf dem Platz »Sitz« und »Fuß« üben durfte. Aber es wurde auch überlegt, ob nicht vielleicht die Anschaffung einer Katze eine gute Idee wäre, so eine schöne, unkomplizierte, wie die Nachbarn eine haben …

Vertrautheit lässt Nähe zu.

Wichtig ist es zu begreifen, dass eine Bindungsbeziehung keine Einbahnstraße ist. Jeder Bindungspartner gibt etwas zu ihr hinzu und kann von ihr profitieren. Je wertvoller die Beziehung ist, desto mehr muss sie auch gepflegt werden. Versöhnungsverhalten hilft hier, eine Störung schneller zu reparieren und die ursprüngliche Verbundenheit wieder herzustellen. Bindungspartner unternehmen mehr gemeinsam, pflegen gerne nahen Kontakt miteinander bei der Körperpflege, beim Ruhen oder Kuscheln, beim Spielen oder wählen im Alltag deutlich geringere Distanzen als zu fremden Personen. Das gilt für Hunde untereinander in Mehrhundehaltungen analog.

Bindungsstörungen

Leider ist dieses, doch weitgehend harmonische Bild einer gesicherten Bindung mit annähernd gleichbedeutender Größe der vier Bestandteile (nur dann bringt ein vierblättriges Kleeblatt bekanntlich auch Glück!) in vielen Fällen nicht ausreichend, sowohl bei der ursprünglichen Arbeit in der Kinderpsychologie als auch beim Studium von Hund-Mensch-Beziehungen. Es gibt eine ganze Reihe von Abweichungen davon. Wenn auch noch nicht durch exakte wissenschaftliche Analysen, so aber doch durch viele Fallberichte und Zusammenhänge mit der individuellen Situation des betreffenden Mensch-Hund-Teams belegt, sind einige auch in diesem Bereich schon erkennbar:

Da ist zunächst die als **unsicher-ambivalent** bezeichnete Bindung, die sich vorwiegend durch ein sehr enges »Kleben« eines Bindungspartners an den anderen auszeichnet. Hunde, die ihrem Menschen buchstäblich bis in die Duschtasse folgen, oder sie eben niemals aus den Augen lassen, sind hier typische Kandidaten. Weitere Merkmale der unsicher-ambivalenten Bindung sind beispielsweise auch, dass sich der Hund in einer Testsituation in Anwesenheit seines Menschen kaum oder gar nicht entspannt, dass es kaum Unterschiede im Erkundungs- und Neugierverhalten in Abhängigkeit von der Anwesenheit des jeweiligen Menschen gibt, und dass der Hund beim Begrüßen des Menschen nach einer Trennung entweder sehr heftig, bisweilen sogar scheinbar (korrekt gesagt!) aggressiv diesen Menschen angreift, anrempelt oder in einem deutlich ambivalenten Verhalten sich abwechselnd sehr schnell, aber nicht vollständig annähert und wieder wegdreht, beim Begrüßt-Werden wegduckt oder ähnliche Ausweichreaktionen zeigt. Dies wird dann entweder als Respektlosigkeit bezeichnet, die man durch klares, hartes Durchgreifen regeln müsse, oder eben, ebenso fälschlicher Weise, als Hinweis darauf, dass der Hund geschlagen würde. Beides ist im Falle einer ambivalent-unsicheren Bindung ein völlig falscher Schluss. Stattdessen kommt es hier darauf an, wirklich die Verfügbarkeit und Planbarkeit des Menschen zu verbessern und beispielsweise durch Verabschiedungs- und Grußrituale auch die Abwesenheit des Menschen besser in die Tagesstruktur des Hundes einzupassen.

Ebenso problematisch ist die als **unsicher-distanzierende**, pseudounabhängige oder vermeidende Bindung bezeichnete Form. Hier ist der Hund, zum Beispiel aufgrund der Erfahrung, dass sich sein Mensch ohnehin kaum um ihn kümmert, ihn in Krisensituationen alleine lässt oder ihn, aus welchem Grund auch immer, im Alltag ständig zurückweist und ignoriert, früher oder später zu der Erkenntnis gekommen, dass er eben selbst alles regeln sollte. Diese Hunde reagieren kaum auf das Weggehen und Wiederkommen des Menschen, sie bleiben einfach liegen, tun gar nichts, und sind in Abwesenheit ihres Menschen genauso (viel oder wenig) neugierig oder spielbereit wie in Anwesenheit der Hauptbezugsperson. Auch der Kontakt zu einem freundlichen Fremden wird in Abwesenheit des Menschen genauso stark oder sogar noch stärker gesucht als in der Anwesenheit des Halters. Ursachen für diese vermeidende Bindung können eben auch pauschale Trainerratschläge sein, wie etwa: »Du musst den Hund wegschicken, wenn er ungefragt zu Dir kommt, sonst wird er dominant«, oder: »Du darfst Dich niemals, zum Beispiel beim

Nur eine Woche liegt zwischen diesen Bildern! Tierschutzhündin links unmittelbar nach der Ankunft und rechts nach einer Woche kompetenter Pflege. Die psychische Öffnung der Hündin ist unübersehbar!

Spielen, auf das Niveau Deines Hundes begeben, musst alles kontrollieren, darfst nie den Hund gewinnen lassen und ihn auch nie entscheiden lassen, wann zum Beispiel eine Spieleinheit beginnt oder endet.« Natürlich ist auch hier wieder nicht der aufdringliche, sich in den Vordergrund spielende oder effektiv auch wirklich manipulativ auftretende Hund gemeint, den es gelegentlich gibt. Es gilt sauber zu analysieren, warum, wann, wie, welches Verhalten an den Tag gelegt wird. Nur dann kann angepasst re-/agiert werden – was letztlich eben auch die Bindungsqualität beeinflusst.

Eine andere Ursache für **unsicher-vermeidende** Bindung kann eine Vorgeschichte – beispielsweise Tierschutz – sein. Hunde, die entweder im Tierheim oder auf der Straße oder unter anderen Bedingungen immer gelernt haben, alles selbst regeln zu müssen (und dies auch zu können!) und keinen Menschen hatten, der ihnen zur Seite stand, entwickeln eine Persönlichkeitsstruktur, die für diesen Bindungstyp eine starke Voraussetzung ist.

Und dann gibt es noch die sogenannte **Bindungsstörung**, auch als **chaotische Bindung** bezeichnet. Hier handelt es sich um Hunde, die zum Beispiel in der Abwesenheit ihres Menschen ohne jede erkennbare zeitliche Struktur agieren, mit Stereotypien schon auf kurze Abwesenheiten des Menschen antworten, sinnlos Gegenstände zerstören, hektisch hin und her rasen, ständig von einer Tätigkeit (Fressen, Trinken, sich Hinlegen ...) zur nächsten wechseln, und eben insgesamt einen äußerst fahrigen, bisweilen auch chaotischen Eindruck hinterlassen. Daher kommt auch der Name. In der Kinderpsychologie sind solche chaotischen Bindungstypen vor allem in Fällen bekannt, in denen die Eltern entweder aufgrund von Drogenmissbrauch oder anderen psychischen Problemen nicht ausreichend Kompetenz und Kapazität für die Betreuung ihrer Kinder haben, oder in Familien, in denen andere schwerwiegende Probleme in der Mutter-Kind Beziehung auftreten. Auch bei Hunden finden wir solche Typen, wobei allerdings noch keine deutliche Korrelation mit der Persönlichkeit oder dem Erziehungsstil des

Menschen erkennbar ist. Es sollte jedoch vermutet werden, dass auch hier vorwiegend inkonsequente, chaotisch-unplanbare oder eben auch psychisch überbeanspruchte Menschen einige der wichtigsten Risikofaktoren sind.

In diesem Zusammenhang sind Erkenntnisse aus der Arbeit mit Therapie- und Assistenzhunden von besonderem Interesse: Hunde sind im Vergleich zu Menschen wesentlich besser in der Lage, Menschen mit gestörtem Bindungsverhalten aufzufangen und sich ihnen gegenüber offen zu verhalten. So zeigen Untersuchungen verschiedener psychologischer Arbeitsgruppen, dass durchschnittlich etwa 2/3 der Menschen, die zu ihren zweibeinigen Artgenossen ohne therapeutische Unterstützung keine gesicherte und stabile Bindung aufbauen können, trotzdem eine solche stabile Bindung ihres Hundes an sich haben. Eine Ausnahme scheint, wie beispielsweise Untersuchungen aus der Kinder- und Jugendpsychiatrie zeigen, der Mensch mit dem chaotischen Bindungstyp. Hunde, beispielsweise Schulhunde oder Therapiebegleithunde, die sich bei Kindern mit unsicher-ambivalentem oder unsicher-distanziertem Bindungstyp sehr schnell und geradezu intuitiv innerhalb weniger Sekunden um die Patienten kümmern, meiden ebenso schnell und intuitiv bereits beim Betreten des Therapiezimmers Kinder oder Jugendliche mit chaotischem Bindungstyp. Was und woran sie das erkennen, ist ebenso offen, wie die Frage, aus welchem Grund sie mit diesen Menschen nichts zu tun haben wollen.

FALL BEISPIEL

Irmchen

Irmchen ist eine gut 6 Jahre alte »Kleine Münsterländerin«, ein völlig unkomplizierter, freundlicher und umgänglicher Hund mit ausreichendem Grundgehorsam nach Meinung ihrer Besitzer. Sie ist voll in die Familie integriert, die aus einem Elternpaar mit zwei Kindern, 15 und 18 Jahre alt, besteht. Während der 15-Jährige auswärts in einem Internat lebt, befindet sich der 18-Jährige noch im Elternhaus. Mit ihm gibt es von Kindheitsbeinen an Probleme, von Schulschwänzereien bis Aggressionsausbrüchen, von Weglauf-Phasen bis zu Drogenexperimenten. Ein Kinderpsychologe diagnostiziert ADHS, es kommt zum Einsatz von Psychopharmaka, die der Junge mit Namen Max, mal einnimmt, mal nicht.

So spürbar die sichere Bindung von Irmchen an ihre Menschen, das Elternpaar, ist, so spürbar ist auch Irmchens Argwohn Max gegenüber. Kommt er ins Zimmer, legt sich Irmchen in ihren Korb und rollt sich dort abgeduckt zusammen. Fast so, als versuche sie, sich unsichtbar zu machen. Versucht Max, Irmchen mit in den Garten zu locken oder ihr ein Spiel anzubieten, geht sie nicht darauf ein. Kommt sie ins Zimmer und Max ist bereits drin, ist er Luft für sie. Der Familie tut das eigentlich alles sehr leid, denn Max mag Irmchen und würde auch gern mehr mit ihr unternehmen. Irmchen aber nimmt nicht einmal Futter von ihm an, obwohl sie recht verfressen ist.

Dann kommt die Situation, dass der Familienvater zur Kur muss und seine Frau ihn für das erste Wochenende zum Kurort begleiten möchte. Die drei Tage von Freitagmorgen bis Sonntagabend soll sich Max um den Hund kümmern. Ernsthaft wird er auf seine Verantwortung hingewiesen, an seine Vernunft (!) appelliert. Die Eltern fahren mit einem mulmigen Gefühl, aber sie fahren. Irmchen kann gut alleine bleiben, Max wird sie schon füttern und mit ihr spazieren gehen, was soll passieren. Max und Irmchen bleiben zurück.

Max freut sich über »sturmfrei«: Musik, ein kühles Bierchen, nachmittags ein paar Kumpel einladen zum Grillen, noch ein Bierchen, das verspricht ein gutes Wochenende zu werden. Mit Irmchen wird es keine Probleme geben, sie ist Trubel gewöhnt und kann mit in den Garten, dann muss man auch nicht mit ihr raus. Irmchen verhält sich derweil im Haus auffallend und ungewöhnlich unruhig. Sie läuft von der Haustür zur Terrassentür, von der Terrassentür ins Körbchen, vom Körbchen in die Küche ... Dabei hechelt sie ununterbrochen und zunehmend stärker. Max vermutet, dass Irmchen mal muss. Er nimmt sie an die Leine und will mit ihr raus. Irmchen sträubt sich zuerst massiv, mit Max das Haus zu verlassen, geht dann aber mit und zieht – völlig ungewöhnlich für sie – den ganzen Weg an der Leine, ohne auch nur einmal Pipi zu machen. Zurück im Haus geht die »Tigerei« wieder los. Max mag das nicht mit ansehen und setzt sich ins Nebenzimmer vor den Fernseher. Nach kurzer Zeit hat er das Gefühl, dass Irmchen ruhig ist. Vorsichtig schaut er um die Ecke und sieht die Hündin im Korb liegen, die Decke zwischen die Pfoten geknüddelt und daran nuckelnd wie ein Kleinkind. Er spricht den Hund an – worauf Irmchen aufspringt und die hektische Hin- und Herlauferei wieder beginnt: Haustür, Terrassentür, Küche, Korb – und von vorne. Max verlässt das Zimmer und geht zurück zum Fernseher ins Wohnzimmer, worauf das Getrappel nach kurzer Zeit wieder aufhört, das Nuckeln und die Bewegung aus dem Korb aber deutlich zu hören sind.

Am späten Nachmittag trudeln die Kumpel ein und es wird eine ausgelassene Gartenparty. Laut, feucht, fröhlich – wie Max es sich vorgestellt hat. Die Terrassentür zum Garten steht offen, damit Irmchen, wenn sie möchte, rauskommen kann. Sonst ist sie immer gern mit im Garten, wenn die Familie Besuch hat, diesmal aber wird sie nicht gesehen. Dumm nur, dass Max sie auch am nächsten Morgen nirgendwo im Haus sieht! Kein Suchen, kein Rufen hilft, Irmchen ist weg. Sie muss abends entwischt sein. Eigentlich verlässt sie selbst bei offenstehender Gartentür das Grundstück nicht, doch nun ist sie nirgends zu sehen. Max beschließt,

einfach die Zeit abzuwarten, sie wird schon wieder auftauchen, spätestens, wenn sie Hunger hat. Denkt Max – und er denkt falsch. Irmchen taucht nicht wieder auf. Auch am Sonntag ist sie noch verschwunden. Langsam macht Max sich Gedanken, allerdings auch darüber, was er seiner Mutter sagen soll, wenn diese zurückkommt! Er macht das, was er immer gern in stressigen Situationen und beim Auftauchen von Problemen gemacht hat – er geht selber auch. Irgendein Kumpel wird ihn schon für ein paar Tage Asyl gewähren.

Abends kommt die Mutter von der Reise zurück. Das Haus ist dunkel, niemand da. Vermutlich wird Max mit dem Hund unterwegs sein, so die Vermutung. Dann werden aber Halsband und Leine an der Garderobe gesehen. Der Korb ist vollständig leer, die Decke liegt auch nicht drin. Was ist hier los? Max wird angerufen, er geht nicht ans Handy. Die Mutter ruft und schaut überall, der Hund ist offenbar nicht im Haus. Dann vernimmt sie Geräusche von der Terrassentür. Davor steht Irmchen! Etwas zerzaust und etwas dünner, das Fell irgendwie grau aussehend und mit einer Mischung aus Trauer, Erleichterung und Erschöpfung in den Augen. »Wo kommst Du denn her?« Die Mutter öffnet die Tür, doch Irmchen dreht sich um und läuft in den hintersten Winkel des Gartens, wo unter einem Dach das Holz für den Kamin gestapelt ist. Von dort holt sich Irmchen ihre Decke, die sonst im Korb liegt. Die Frau geht zum Holzstapel und findet dort noch ein T-Shirt ihres Mannes, welches Irmchen sich offenbar aus dem Wäschekorb geholt hat, und eine Strickjacke der Frau, die über dem Küchenstuhl gehangen hat. Beides unversehrt, aber mit Liegespuren vom Hund. Offenbar hatte sich Irmchen hier eine Liegefläche mit Shirt, Jacke und Korbdecke gemacht, während die Party im Garten in vollem Gang war.

Die Frau berichtete, dass Irmchen nach diesem Wochenende drei Tage fast nur geschlafen hat. Zukünftige Reisen werden so organisiert, dass Irmchen mit kann!

2. VON DOMINANZ UND MACHTBESTREBEN

Eine besondere Art der Beziehung ist die der Dominanz. Dieser Begriff zählt zu den am häufigsten falsch interpretierten verhaltensbiologischen Konzepten in der Hundewelt. Zunächst kann mit einer kurzen Auflistung bereits dargelegt werden, was Dominanz jedenfalls nicht ist:

Dominanz ist **keine** Eigenschaft. Dominanz ist eine Beziehung! Und zwar eine, die im Wesentlichen von »unten« nach »oben« stabilisiert wird. Eine Dominanzbeziehung ist gewissermaßen eine Konvention, eine Regelung im Vorfeld von potentiellen Konflikten. Hier wird bereits im Vorfeld aufgrund verschiedener Faktoren dargelegt, wer im Zweifelsfalle seine Interessen durchsetzen dürfte, wenn es zum Konflikt zwischen den beiden Beziehungspartnern käme. Es ist also ein freiwilliger Verzicht des Einen, bei einer möglichen Streitigkeit auf seinen Anspruch zu verzichten. Dass es hierfür Gegenleistungen geben muss, sollte nach dem bereits Dargelegten schon klar sein. Diese Gegenleistungen bestehen zum einen im Schutz der Gruppe, im Wahrnehmen-Können der gemeinsamen Vorteile eines kooperativen Lebens. In vielen Fällen aber, wie wir noch sehen werden, durchaus auch in der Teilhabe an verschiedenen Leistungen des Ranghöheren direkt. Es gibt also keinen »dominanten Hund« ohne jemanden, der sich ihm **freiwillig** unterordnet. Hundehalter, die behaupten, ihr Hund verhalte sich ihnen gegenüber dominant, müssten im Umkehrschluss eben auch feststellen, dass sie sich ihrem Hund unterordnen, subdominant verhalten.

Dominanz hat mit Aggression nichts zu tun. Im Gegenteil: Eine Dominanzstruktur ist gerade eines der wichtigsten und erfolgreichsten Mittel zur Vermeidung aggressiver Auseinandersetzungen in einer bestehenden Gruppe. Wer also einen besonders aggressionsgeneigten Hund als dominant bezeichnet, stellt das Konzept geradezu auf den Kopf.

Dominanz hat auch nicht immer etwas mit Anführerschaft zu tun. Die Anführer-Gefolgschafts-Beziehung, die es in Hundegruppen durchaus auch gibt, ist von der Erfahrung, der Übersicht, der Führkompetenz des jeweiligen Anführers abhängig. Und das kann, muss aber keineswegs der Dominante in einer Beziehung sein. Gerade Untersuchungen an frei lebenden Haushunden, wie sie beispielsweise der italienische Kollege Roberto Bonanni (2014) durchführt, zeigen, dass die Anführer-Gefolgschafts-Beziehung in einer Hundegruppe zum Beispiel auch dann beim ältesten und erfahrensten Hund bleiben kann, wenn dieser längst nicht mehr der Ranghöchste ist.
Dominanz hat, gerade bei Hunden, andere hormonelle Hintergründe als bei den meisten anderen Säugetierarten. Darauf wird deshalb im Folgenden nochmals einzugehen sein.

Wenn, wie bereits festgelegt, Dominanz eine Beziehung ist, dann hat sie – wie jede andere soziale Beziehung auch – ihre Geschichte. Das bedeutet konkret, dass zwischen zwei Individuen, die sich gerade mal zum ersten Mal oder zu wenigen Malen begegnet sind, noch keine Dominanz bestehen kann. Erst wenn die im vergangenen Kapitel bereits allgemein geschilderten Abläufe der Beziehung durchschritten sind, können vorhersagbare und damit auch stabilere Verhältnisse einkehren. Allein aus diesem Grund ist es also falsch, von Dominanz zu sprechen, wenn zwei Hunde einander zum ersten Mal auf der Wiese begegnen.

Da Dominanz, wie jede andere Beziehung auch, eben auch Kosten verursacht, ist sie nicht Selbstzweck. Wer von einer Dominanzbeziehung zwischen zwei Tieren ausgeht, muss auch darlegen, welche Vorteile jeder der Beteiligten davon hätte. Machtbestreben und pure Statusdemonstration, wie sie bei uns Menschen durchaus üblich sind, sind anderen Tieren in der Regel fremd. Das bedeutet nicht, dass es nicht auch unter anderen Tieren despotisch-autoritäre Ranghohe geben kann. Gerade die Schilderungen verschiedener, vor allem weiblicher Wölfe, wie sie aus den Studien im Yellow Stone Nationalpark beispielsweise hervorgehen, lassen immer wieder auch solche autoritären – und damit übrigens in der Gruppe nicht sonderlich beliebten – Ranghohen erkennen. Auch Untersuchungen an afrikanischen Wildhunden zeigen, dass es unter den Ranghohen bisweilen Kontrollettis gibt. Bemerkenswerterweise sind die Kontrollettis unter den ranghohen afrikanischen Wildhunden oftmals jüngere Tiere. Unter den älteren finden sich fast nur ruhige, ausgeglichene und souveräne Ranghohe. Nun lässt sich darüber streiten, ob gewissermaßen mit dem Alter auch die Weisheit kommt, oder ob die Kontrollettis Kraft ihrer starken Stresshormon-Ausschüttung (s.u.) einfach nicht so lange leben. Einige Hinweise deuten auf die letztere Interpretation hin.

Ebenso zeigen uns sowohl Afrikanische Wildhunde, wie auch Wölfe und auch Haushunde, dass Dominanz eben nichts mit körperlicher Kondition oder gar mit Kampfeskraft zu tun haben muss. Der Wildhundforscher Greg Rasmussen (2007) sah

Mut bedeutet nicht, sich unüberlegt in jede Konfrontation zu stürzen!

beispielsweise in seinen Wildhundrudeln sowohl dreibeinige als auch schwanzlose Ranghohe. Und beide hatten ihre ranghohe Position erst nach dem körperlichen Handicap erreicht. Auch in Hundegruppen sind regelmäßig kleinere, aber ältere Tiere als ranghoch einzustufen. Ein Beispiel dazu aus einem eigenen Seminar zur Mehrhundehaltung: Es wurde uns dort eine Hundegruppe von sechs bis sieben Hunden verschiedener Rassen, die mit einer menschlichen Familie zusammenleben, vorgestellt. Während sich diese Hundegruppe mit den menschlichen Seminarteilnehmern zusammen auf der Wiese der betreffenden Hundeschule vergnügte, zeigten im Nachbargehege die Hunde der Trainer der betreffenden Hundeschule mehr und mehr, was sie von diesem Gewusel auf »ihrer« Wiese hielten – nämlich wenig. Sie kamen in durchaus bedrohlicher Körperhaltung, in der typischen Phalanx einer revierverteidigenden Hundegruppe, auf den Zaun zu. Plötzlich kam aus dem hintersten Winkel unserer Wiese ein kleiner, ca. 14-jähriger, halb blinder Mischling mit rot-weiß getupftem Halstuch. Er stellte sich souverän an den Zaun, pinkelte einmal gegen den

Zaunpfosten, richtete nochmals einen vernichtenden Blick auf die Hunde im Nachbargehege – und ging wieder von dannen. Den menschlichen Mitgliedern der betreffenden Familie war bis dahin unklar gewesen, dass dieser kleine Hund der eigentliche Anführer ihrer Hundegruppe war. Sie hielten die zwei besonders verfressenen Dackel für die Ranghöchsten.

Und damit sind wir bei der nächsten Geschichte: Im Gegensatz beispielsweise zu unserer Affenverwandtschaft oder auch zu den Verhältnissen in einer Kuh- oder Pferdeherde, hat Ranghöhe bei Hundeartigen nichts mit dem Zugang zum Futter zu tun. Untersuchungen verschiedener Arbeitsgruppen, auch in unserer eigenen Arbeit mit den toskanischen Straßenhunden (Warstat, 2015), zeigen deutlich, dass andere, zum Beispiel Persönlichkeitseigenschaften, Interesse am Futter, allgemeine Verfressenheit oder eben auch emotionale Komponenten viel wichtiger sind. Der Ranghöchste frisst in vielen Gruppen oftmals sogar zuletzt. Der amerikanische Wolfsforscher David Mech hat ca. 55 Studien über den Zusammenhang zwischen Fressverhalten und Rangordnung bei Wölfen – im Freiland und im Gehege – zusammengetragen*. In weniger als 10 % der von ihm zusammengetragenen Studien hat tatsächlich der Ranghöchste zuerst gefressen. Und auch dann handelte es sich in der Regel um Situationen besonderer Nahrungsknappheit, in denen die Ranghöchsten Kraft ihrer Autorität nicht primär für sich selbst, sondern für ihren diesjährigen Welpen den Platz an der Futterstelle freigehalten haben.

* Mech, 1999, 2000

Dominanz hat zwar, gerade auch in Gruppen von Hundeartigen, eine Reihe von Privilegien. Jedoch gehört dazu nicht die absolute oder gar widerspruchslose Herrschaft über die Untergebenen. Auch ein rangtiefer Hund oder Wolf hat durchaus das Recht auf Protest. Wie wir in Kapitel 4 über die Kommunikation in Dominanzbeziehungen noch sehen werden, sind gerade sogenannte Abbruchsignale, beispielsweise Knurren, Nase kräuseln oder auch mal ein drohendes Bellen, durchaus von unten nach oben erlaubt. Wiederum zeigen beispielsweise unsere eigenen Untersuchungen (Kehr et al., 2015), dass dies durchaus bis zu 50 % oder mehr der insgesamt in einer Hundegruppe gesendeten sogenannten Abbruchsignale der situativen Dominanz (s.u.) ausmachen kann.

Was ist nun Dominanz also wirklich?

Die meisten verhaltensbiologischen Definitionen bezeichnen eine Dominanzbeziehung als eine Regelung, bei der ein Beteiligter seine Ansprüche in einer umstrittenen Situation jederzeit durchsetzen **kann**. Er **muss** es aber nicht! Und gerade in stabilen Dominanzbeziehungen ist auch ein gewisser Verzicht von oben nach unten Teil des geregelten Zusammenlebens. Der Ranghohe hat also das Recht, sich durchzusetzen, er kann auf dieses Recht aber auch verzichten. Stabilisiert wird die Dominanzbeziehung damit aber automatisch von unten, denn wenn der Rangtiefe dieses Vorrecht nicht mehr anerkennt, kommt es entweder zur aggressiven Auseinandersetzung, oder die Situation wird eben nicht gelöst. Damit ist die Dominanzbeziehung eine zwar typisch zweiseitige, aber asymmetrische Beziehung. Der Ranghohe kontrolliert, inwieweit er seine Privilegien einfordert, der Rangtiefe stabilisiert, indem er sie auch gewährt.

Untersuchungen über die Verteilung von Rangordnungsverhalten innerhalb von Hunde- oder Wolfsgruppen zeigen übrigens, dass eine Unterwerfung, beispielsweise in Form eines Begrüßungsverhaltens, sehr viel häufiger freiwillig von unten angeboten, als von oben eingefordert wird. Auch darüber wird im Kapitel 4 über die Kommunikation im Dominanzsystem noch zu sprechen sein.

Wölfe kommunizieren klar.

Die Anführer-Gefolgschafts-Beziehung

Von der Dominanzbeziehung getrennt, ist die Anführer-Gefolgschafts-Beziehung. Diese wird häufig mit einer Art imaginären Gummibands vergleichend dargestellt. Jürg Lamprecht aus Seewiesen (Lamprecht, 1996) hat dazu ein Modell aufgestellt, das bemerkenswerterweise gerade von den Untersuchungen Roberto Bonannis an Haushunden deutlich gestützt wird. Danach ist der Anführer einer Gruppe jemand, der eine größere Toleranz in Bezug auf geringere Individualdistanz hat. Ihm ist es dadurch einigermaßen egal, wie nahe sich seine Gruppenmitglieder zu ihm befinden. Umgekehrt haben aber die Nachfolger, die Gefolgsleute der Gruppe, eine geringere Toleranz für große Individualdistanz. Sie fühlen sich deshalb durch das imaginäre Gummiband immer wieder zum Anführer hingezogen. Dadurch wird auch klar, wie ein Anführer aus der Mitte oder sogar aus dem Hintergrund der Gruppe heraus steuern und lenken kann. Lässt er sich zurückfallen oder dreht sanft auf eine Seite, so wird die Spannung des Gummibands für die vor ihm laufenden mit der Zeit unerträglich. Sie schließen automatisch wieder zu ihm auf. Wird er schneller, lässt die Spannung des Gummibands nach. Die vor ihm Laufenden werden oftmals langsamer, wohingegen die hinter ihm Laufenden beschleunigen.

Unterschieden werden muss hier wiederum zwischen der Anführerrolle, die situativ ist, und der stabilen Anführer-Gefolgschafts-Beziehung. Situativ läuft, wie gerade auch Beobachtungen an Hunde- und Wolfsgruppen gezeigt haben, oftmals derjenige voran, der in der betreffenden Situation entweder die beste Kompetenz oder die geringste Nervosität aufweist. Das können dann zum Beispiel im Tiefschnee die kräftigeren Jungerwachsenen sein, in der Begegnung in leicht gruseligen Situationen die Naseweisesten und Neugierigsten, in der Begegnung mit etwas stärker belastenden Situationen dagegen oft die Nervenstarksten, die wiederum nicht immer die Ranghöchsten sein müssen.

Hubert Hendrichs hat in seiner Studie über afrikanische Elefantenbullen hier den Begriff des Stabilisierungsbullen geschaffen, der als zwar ranghoher, aber keineswegs ranghöchster eben eine gewisse Art von Fels in der Brandung für seine Gruppe darstellt. Der kleine, geschilderte Mischling in der Mehrhundegruppe hat zweifellos eine solche Persönlichkeit gehabt.

Bemerkenswert ist übrigens, dass beispielsweise bei Konfrontationen von Wolfsrudeln mit wehrhafter Beute im Laufe der Zeit die situative Anführerschaft oft wechselt. Während das Einkreisen und Mürbemachen des umzingelten Elchs oder Bisons oft dem zwar Erwachsenen, aber nicht Ranghöchsten obliegt, kommen dann ganz zum Schluss die Ranghöchsten aus der zweiten Reihe nach vorne, um die endgültige Tötungsaktivität durchzuführen. Diese ist eben dann doch oft von Geschicklichkeit, Erfahrung und Kraft gleichermaßen geprägt, vor allem, wenn es sich um ein sehr wehrhaftes Huftier handelt.

Einfach mal voranpreschen, laufen und Spaß haben – das birgt nicht automatisch eine Gefahr für die Mensch-Hund-Beziehung.

Abhängige Dominanz

Das Dominanzkonzept, das in den vergangenen Jahrzehnten von verhaltensbiologischen Arbeitsgruppen erweitert und ergänzt wurde, beinhaltet mittlerweile, und auch das gilt sehr wohl für Hundeartige, mindestens zwei bis drei verschiedene Teilkomponenten. Ein wichtiger Aspekt ist die Frage der abhängigen Dominanz. In vielen Fällen, in denen mehr als zwei Individuen zusammenleben, können Allianzen und Koalitionen auftreten. Ein rangmittleres Individuum kann sich dann beispielsweise gegen einen Hund durchsetzen, der ihm eigentlich überlegen wäre, nur weil ein noch ranghöherer Dritter anwesend ist. Dieser muss gar nicht intervenieren, er ist einfach nur da. Bereits hier entsteht oft dann wieder ein Problem in Mehrhundehaltungen. Im Arbeitsalltag kennt man die Situation, wenn der Arbeiter sich traut in Anwesenheit des Chefs etwas gegen eine Anweisung des Vorarbeiters zu sagen, vor allem dann, wenn der Vorarbeiter beim Chef keine bevorzugte Stellung hat. Allerdings kehrt sich oft die Medaille danach erst Recht, sobald der Chef wieder verschwunden ist.
Manchmal hört man von Empfehlungen, der Mensch müsse alles in einer Hundegruppe regeln. Die Hunde dürfen einander weder anknurren noch anfletschen, und sich schon gar nicht beispielsweise Spielzeug oder Futter streitig machen. »Du musst alles im Griff haben, Du bist der Chef!«, wird dann argumentiert. Ein Blick auf die Verhältnisse in einer Hunde- oder Wolfsgruppe zeigt jedoch, dass dies keineswegs den natürlichen Bedingungen entspricht. Außerdem schafft man genau dadurch instabile und damit eben abhängige Dominanzverhältnisse. Wer so handelt, kann seine Hunde eigentlich keine Minute mehr allein lassen! Selbst eine kurze Abwesenheit zum Unterschreiben eines Einschreibebriefs oder zum Hochholen eines Mineralwasserkastens aus dem Keller kann ausreichen, um die Situation dann ohne den kontrollierenden Menschen plötzlich kippen und eskalieren zu lassen. Die Empfehlung lautet daher (Ausnahme sind beispielsweise behinderte, kranke oder alte bzw. ganz junge Hunde, die selbstverständlich besonderen Schutz brauchen), sich in **stabilen** Beziehungen nur dann in solche Auseinandersetzungen einzumischen, wenn man selbst Teil oder Auslöser ist. Das ist hier das »Zauberwort«. Ist die Beziehung nicht stabil, muss an der Stabilität gearbeitet werden, nicht aber die Maßregelung der einzelnen Individuen erfolgen! Das bedeutet: Wenn sich zwei Hunde am anderen Ende des Wohnzimmers um einen Kauknochen streiten, ist dies für den Menschen als Leittier absolut uninteressant. Wenn sie dagegen darum streiten, wer neben dem Menschen auf dem Sofa sitzen oder sich an diesen besonders herankuscheln darf, ist der Mensch gefordert.

Sonderform Spiel

Ein ebenso wichtiger Aspekt ist die kurzfristige Außer-Kraft-Setzung von Dominanzstrukturen im Spiel. Im Spiel* werden soziale Normen und Konventionen kurzfristig ausgehebelt.

* Vgl. Käufer, 2001, Käufer & Gansloßer, 2017

Spiel bedient sich klarer Spielsignale und setzt die Regeln des »ernsten« Lebens auch mal außer Kraft.

Die Empfehlung, man dürfe sich niemals im Spiel von seinem Hund unterwerfen lassen, dürfe beim Spielen nie unter dem Hund liegen, müsse das Spiel immer gewinnen, beginnen und beenden, ist ein weiterer beliebter Argumentationsansatz der Kontrolletti-Fraktion und von Spaßbremsen. Hunde, und das zeigen eben wiederum die Freilandbeobachtungen, sind hier wesentlich entspannter. Kein ranghoher Hund oder Wolf wurde jemals auf dem Weg zum Therapeuten gesichtet, nachdem er sich im Spiel genüsslich von der ganzen Gruppe hat jagen oder buchstäblich auf dem Bauch herumtanzen lassen. Gerade dafür sind ja Spielsignale da, um zu zeigen, dass es sich hier eben um eine Situation außerhalb jeglichen Ernstbezugs handelt.

Die Untersuchungen, zunächst an Wölfen, später auch an Haushunden, der verhaltensbiologischen Forschergruppe in Utrecht* konnten dieses doppelte Konzept der situativen vs. formalen Dominanz deutlich bestätigen. Auch Untersuchungen an einer Foxhoundgruppe von Melanie Dopfer (2015) bestätigten es: Situative Dominanz, über deren Signale wir im Kapitel 4 noch mehr lesen werden, kann durchaus unabhängig von der formalen Langzeitstruktur ausgeübt werden. Ein wichtiger Zusammenhang zur situativen Dominanzsignalisierung ist eben beispielsweise der Zugang zum Futter. Wer am lautesten schreit, er

* Schilder und van der Borg, 2015

habe Hunger, bekommt dieses Mal das Meiste davon ab. Hier spielt dann übrigens auch die Besitzstandswahrung noch eine Rolle. Hunde, Wölfe und wahrscheinlich auch andere Kaniden kennen das Konzept von Besitz: In einer Schutzzone von ca. 30 bis 50 cm um die Schnauzenspitze herum hat man das Privileg, fressen zu können, was sich dort befindet. Ranghohe stibitzen zwar häufiger als Rangtiefe, aber sie haben kein automatisches Recht, dass man ihnen das Futter freiwillig abtritt. Die genannten Untersuchungen von Victoria Warstat (2015) zeigen übrigens, dass mit diesem System am Ende des Tages wahrscheinlich jeder einen vollen Magen hat, zumindest wird damit die Futterverteilung wesentlich gerechter in der Gruppe aufgeteilt. Und das wiederum ist ein wesentlicher Faktor für die Evolution des Gruppenlebens der Hundeartigen gewesen; es geht eben um die Ressourcensicherung. Das Interesse aller muss sein, dass möglichst alle Rudel- und Familienmitglieder gut gestärkt in die nächste Auseinandersetzung mit Gegnern und Rivalen ziehen können. Dies, und viel weniger die gemeinsame Jagd, ist denn auch die ökologisch-evolutionsbiologische Funktion der Revierbildung bei den Hundeartigen.

Formale Dominanz

Die formale oder auch Langzeitdominanz dagegen, die über bestimmte Körperpositionen vermittelt wird (s.u.), hat ihren Bezug einzig und allein zum Fortpflanzungsprivileg. Der Ranghöchste, oder die kleine Gruppe der Ranghöheren, können die Fortpflanzung in der Gruppe zwar nicht vollständig für sich monopolisieren, haben jedoch einen erheblich höheren Anteil in der Weitergabe ihres eigenen Erbguts in die nächste Generation. In Hunde-, vielmehr aber auch in Wolfs- oder Wildhundgruppen, wurde gezeigt, dass bestehende Paarbindungen unter Rangtieferen beispielsweise sozial, nicht aber sexuell bedingt sind. Man ist mit einem Gruppenmitglied lange Zeit oder sogar lebenslang »verheiratet«, geht aber regelmäßig fremd, um sich das Erbgut des Ranghöheren für seine Nachkommen zu sichern. Nichts Menschliches ist ihnen eben fremd!

Diese weitgehende Beschränkung der Vorrechte des Ranghöheren auf die Fortpflanzung sind übrigens bereits das erste deutliche Argument gegen ein mögliches Dominanzbestreben von Haushunden über Menschen. Hunde, auch wenn sie in menschlicher Umgebung auf Menschen mitgeprägt sind, kämen eher nicht auf die Idee, sich mit Menschen paaren zu wollen. Warum sollten sie also ein Fortpflanzungsprivileg dominanzbezogen einfordern, dass ohnehin aufgrund ihrer zwischenartlichen Struktur nicht möglich wäre. Und das deckt sich dann eben auch mit der Erfahrung der meisten Problemhundetrainer, dass nur ganz wenige Prozent, manche sprechen sogar von unter einem Prozent, aller ihnen vorgestellten, beispielsweise aggressionsbereiten Hunde wirklich ein Dominanzbestreben über den Menschen im Sinne einer formalen Dominanz haben.
Die meisten Diskussionen zwischen Hund und Mensch im Team sind eben situativ über Anführerschaft, Futter oder andere Ressourcen oder schlichtweg ein Abbruchsignal im Sinne: »Chef, hör auf, du nervst mich gerade!«

Herdenschutzhunde können aufgrund ihrer Lebensbedingungen feste Bindungen zu »ihren« Nutztieren aufbauen.

Hormone und Dominanzsystem

Auch im Hormonhaushalt funktionieren die Zusammenhänge mit dem Dominanzsystem bei Hundeartigen anders als bei den meisten anderen Säugetieren.

Da ist zum einen das System der Stresshormone. Bei den meisten daraufhin untersuchten Säugetieren waren die rangtieferen den größten Teil des Jahres mit einem höheren Spiegel des Stresshormons Cortisol ausgestattet. Cortisol, das Hormon des passiven Stresssystems, aus der Nebennierenrinde stammend, wird bisweilen auch als das Hormon der inneren Anpassung oder auch des Kontrollverlusts bezeichnet. Es wird vorwiegend dann in höheren Konzentrationen ausgeschüttet, wenn man eben den Eindruck gewinnt, gegen eine durchaus nicht besonders erfreuliche oder gar zufriedenstellende Situation ohnehin nichts unternehmen zu können. Rangtiefe Säugetiere, seien es Affen, Huftiere oder eben auch die meisten Raubtierartigen, empfinden offensichtlich genau dieses Gefühl des Ausgeliefertseins und der, zumindest teilweisen, Machtlosigkeit in einer Rangbeziehung.

Rangtiefe Hunde, Wölfe oder afrikanische Wildhunde dagegen haben den größten Teil des Jahres einen niedrigeren Cortisolspiegel als die Ranghöheren der gleichen Gruppe. Oder es gibt gar keinen Zusammenhang zwischen Rangposition und

Cortisolspiegel, wie es beispielsweise die Untersuchungen von Melanie Dopfer an ihrer Foxhoundmeute zeigen (Dopfer, 2015).

Dieser, auf den ersten Blick auffällige Fakt, ist wiederum erklärbar mit den Vorrechten, die ein ranghoher Hund eben hat. Wer beim Futter, der Wahl des Ruheplatzes und bei anderen Alltagssituationen keinen Nachteil als Rangtiefer erdulden muss, hat den größten Teil des Jahres ja auch kein Problem mit der rangtiefen Stellung. Wenn dann noch die wichtigen Aufgaben von Führkompetenz, Gefahrenabwehr und andere wichtige Funktionen des Leittieres dazu kommen, ist wiederum dessen Stresspegel verständlich. Das ist übrigens auch ein gutes Argument dagegen, warum denn ein Hund, bitte schön, über den Menschen dominant werden möchte. Übrigens auch, wie wir noch zeigen werden, ein gutes Argument gegen die Aussage, der Hund könne den Menschen schon deshalb als rangtief betrachten, da dieser ihn füttert.

Ebenso verhält es sich mit den Zusammenhängen der Dominanz und der Sexualhormone. Bei den meisten Säugetierarten, beispielsweise eben den meisten Affen, Pferden und den auch daraufhin besonders gut untersuchten Labornagetieren, haben die Ranghohen, speziell im männlichen Geschlecht, einen höheren Spiegel des Testosterons, des männlichen Sexualhormons. Der Zusammenhang ist hier zweiseitig: Wer eine ranghöhere Position erreicht, gönnt sich selbst eine kräftige Dosis Testosteron zur Belohnung. Das Testosteron wiederum führt dazu, dass man seine ranghohe Position auch verteidigt. Bei Hundeartigen, das haben schon Untersuchungen in den 1980er-Jahren gezeigt (Nelson, 2005) gilt dies nicht. Ranghohe Hunde haben keinen höheren Testosteronspiegel als rangtiefere! Weder die Kastration eines ranghohen, noch die Zuführung von Testosteron bei einem rangtiefen Hund, verändern dessen Rangposition.

Auch bei Hündinnen ist der Zusammenhang nicht eindeutig geklärt. Rangtiefe Hündinnen zeigen, zumindest in der Regel, einen regelmäßigen Östrus und werden ganz normal läufig. Ausnahmen sind bemerkenswerterweise aus Mehrhundehaltungen mit mehreren intakten Haushündinnen öfter berichtet worden. Die Rangtieferen können dann entweder ihren Fortpflanzungszyklus mit dem der Ranghöheren synchronisieren oder sie setzen mit einem Zyklus ganz aus. Dies ist bei Wölfinnen, den Stammmüttern unserer Haushündinnen, bisher nicht berichtet worden. Die sogenannte Dominanzaggression dagegen, ein leider in der Verhaltenstherapie und in der Praxis noch immer üblicher Begriff, hat mit dem Testosteron oder auch mit den weiblichen Sexualhormonen überhaupt nichts zu tun. Eine Reihe von Studien verschiedenster Arbeitsgruppen* konnten belegen, dass diese sogenannte Dominanzaggression mit schwankenden oder zu geringen Serotoninspiegeln zu tun hat. Serotonin, ein wahrer Tausendsassa im Nervensystem, wirkt an vielen Stellen des Gehirns erregungsdämpfend, stimmungsausgleichend, antidepressiv. Und das sowohl im emotionalen als

* Zusammenfassung siehe beispielsweise Strodtbeck und Gansloßer, 2011

Wer Nähe mag, der lässt sie gerne zu und sucht sie auch.

auch im eher vernunft-verstandesmäßig gesteuerten Teil des Gehirns. Hunde mit sogenannter Dominanzaggression hatten in diesen Hirnzentren entweder geringe Konzentrationen von Serotonin oder zu geringe Konzentrationen der Bindungsstellen für das Serotonin. Dadurch kam es dann auch zu diesen Stimmungsschwankungen. Wird nun aber ein Hund wegen dieser angeblichen Dominanzaggression kastriert, dann führt der Abfall der Sexualhormone oftmals zu einem Anstieg des Stresshormons Cortisol. Der Anstieg des Cortisols wiederum senkt den Spiegel des Serotonins, und die Verhaltensauffälligkeiten verschlimmern sich. Übrigens ein Befund, der in vielen Studien über kastrierte Hunde beiderlei Geschlechts* immer wieder bestätigt wird.

Noch ein letztes Hormonsystem muss in diesem Zusammenhang angesprochen werden. Auch wenn es direkt mit dem Dominanz- und Sozialverhalten

* Siehe Kaufmann et al., 2017, Zink und Farhoody, 2018, und andere

nichts zu tun hat, wird auch das Schilddrüsenhormon oft in diesen Strudel an Vorurteilen mit hineingezogen. Das Schilddrüsenhormon Thyroxin regelt unter anderem den Spiegel des Serotonins, des bereits besprochenen Stimmungsausgleichers. Zu niedrige Konzentrationen des Schilddrüsenhormons Thyroxin führen auch zu einem Abfall des Serotoninspiegels. Und dadurch unter anderem zu der Launenhaftigkeit des Schilddrüsenunterfunktionshundes, die ja bisweilen als Jekyll-und-Hyde-Syndrom bekannt ist*. So wird ein verhängnisvoller Teufelskreis in Gang gesetzt. Die ersten Auswirkungen einer Schilddrüsenunterfunktion bei Hunden zeigen sich oftmals mit Beginn der Pubertät, vorwiegend im Zeitraum zwischen 9 und 12 Monaten. Lernschwäche, Konzentrationsschwäche, Launenhaftigkeit, Impuls- und Affektaggression (der heute übliche Begriff für die frühere Dominanzaggression) nehmen zu. Die Einschätzung: »Nun wird er dominant, lass ihn ganz schnell kastrieren!«, wird dann leider nicht nur von manchen Trainern, sondern auch von Tierärzten sehr häufig geäußert. Wird nun der arme Hund (im doppelten Sinne) in diesem Alter wirklich kastriert, so werden die ausgleichenden Funktionen der Sexualhormone, deren Auswirkungen auf die Reifungen des Gehirns und andere potentiell emotional stabilisierende Spätwirkungen weggeschnitten. Zugleich steigt aber bei Wegfall der Sexualhormone wiederum das Risiko einer echten Schilddrüsenunterfunktion. Und damit steigert man dann letzten Endes genau die Verhaltenserscheinungen, die man eigentlich damit wegschneiden wollte.

* Siehe Gansloßer und Strodtbeck, 2014

Beurteilbar ist aber die Schilddrüsenfunktion eines Hundes frühestens nach dem zwölften Lebensmonat. Erst dann sind die in den Veterinärlabors üblichen Referenzwerte anwendbar. Bevor man also irgendwelche anderen Entscheidungen trifft, sollte dieser Fakt in jedem Falle berücksichtigt werden. Zudem: Die Persönlichkeit eines Hundes zuverlässig zu beurteilen, ist erfahrungsgemäß frühestens nach dem Alter von 18 bis 21 Monaten möglich.* Wir werden auf diese Thematik nochmals bei der Individualentwicklung des Dominanz- und Bindungsverhaltens zurückkommen.

Es ist also keineswegs chemisches Teufelswerk, was die Hormone da so anrichten. Es hat sehr viel Kontakt mit und sehr viel Bezug zu unserem Alltagsverhalten. Und zum Verhalten unserer Hunde zu und mit uns! Wer das missachtet oder sich gar entgegen den einschlägigen medizinischen, verhaltensbiologischen und anderen wissenschaftlichen Befunden verhält, handelt grob fahrlässig. Leider werden diese, bisweilen auch tierschutzwidrigen Aktionen, noch viel zu selten geahndet oder wenigstens gesellschaftlich breiter kritisiert.

* Vgl. Gansloßer und Kitchenham, 2014, Gansloßer und Krivy, 2014

FALL BEISPIEL

Larry

Larry ist ein knapp zweijähriger Vertreter einer anerkannten Gebrauchshundrasse. Er lebt zusammen mit seinem gut 60-jährigen Frauchen, einigen Pferden und Katzen und zwei weiteren Hundekumpeln, der gut 10-jährigen Trine und dem 8-jährigen Hütehund Filou. Alle Hunde sind intakt, die Besitzerin hatte schon immer gemischtgeschlechtliche Gruppen und seit Jahrzehnten diese Gebrauchshundrasse. Die Wohngegend ist eher ruhig und ländlich, der nächste Nachbar lebt 500 Meter entfernt.

Larry ist ein sehr großrahmiger, schlaksiger Jungrüde, für seine Rasse sehr groß und von mittlerer Konstitution. Frauchen ist relativ klein und leicht und hat alle Hände voll zu tun, wenn Larry seine temperamentvolle Art demonstriert. Und Feuer hat er! Als Welpe agiert er gern etwas rüpelig, akzeptiert aber Regulierung durch die ältere Hündin. Der zweite Rüde, Filou, geht jedem Streit aus dem Weg und will einfach nur Spaß und Friede. Larry geht relativ regelmäßig zur Hundeschule, lernt die Grundkommandos seinem Typ entsprechend schnell und verhält sich weitestgehend kooperativ. Doch ungefähr ab dem vollendeten ersten Lebensjahr zeigt Larry Verhaltensweisen, die Frauchen von ihren anderen Hunden so nicht kannte (oder nicht erinnerte!). Larry brummte plötzlich andere Hunde an, egal, ob Rüde oder Hündin. Er lief auch plötzlich weg, fand Spaß am Jagen der Pferde und setzte über den Zaun, wenn er dahinter Rehe oder Hasen sah (oder im weiteren Verlauf vermutete). Besuch wurde lautstark gemeldet und im Haus brummend flankiert. »Larry, was machst du denn da? Das darfst du doch nicht tun!«, so Frauchens überraschte und die Situation in keinster Weise positiv beeinflussenden Kommentare. Ist bestimmt eine Phase, weil ja so wenige Besucher kommen, weil er uns beschützen will, weil er unsicher ist, weil er schlecht geschlafen hat, weil er sich erschreckt hat ...

Larry wurde 1¼, 1½, 1¾, 2 Jahre alt. Mittlerweile schnappte er auch hier und da bereits mal zu. Frauchen war mit dem Hund und den Situationen völlig überfordert, gestand sich das aber nicht ein und suchte nur nach Erklärungen und Entschuldigungen. Da Larry sich an alles gewöhnen und alles erleben sollte, mussten die anderen Hunde immer öfter allein zuhause bleiben, wohingegen Larry seinen Menschen begleitete. Es ging auf den Markt, auf den Hundeplatz, an den See, ins Dorf usw. Kehrte man nach Hause zurück, brummte Larry die anderen Hunde an, quetschte

sich zwischen den Menschen und die Artgenossen und schob die unliebsame Konkurrenz zur Seite.
»Ach, Larry, sei doch nicht so!«
Die unterschiedlichsten Situationen ergaben sich: Ein Campingwochenende mit vielen Bekannten und weiteren Hunden war geplant. Alle bauten ihre Zelte auf, Tische wurden zusammengestellt, Stühle herbeigeholt, es sollte gemütlich werden. Während alle anderen Hunde in den hinteren Bereich der Fläche positioniert wurden und über kurz oder lang dösten oder schnarchend schliefen, wurde Larry an einen Baum neben das Auto und vor Zelte, Tische und Stühle und neben seinen Menschen »geparkt«. »Leg ihn doch nach hinten!«, rieten die Freunde. »Nein, er soll dabei sein und sich an Trubel gewöhnen!« Larry lag unmittelbar vor der lustigen Gesellschaft, hielt alles fest im Auge. Seine Anspannung und die Anstrengung verriet er durch permanentes Hecheln. Nach einer Weile fielen ihm regelrecht im Sitzen die Augen zu, doch ablegen zum Schlafen? Auf keinen Fall! Dafür hatte er keine Zeit, keine Ruhe.
Was viele der Anwesenden bereits befürchteten, trat dann auch ein: Ein Mensch wollte zu der Gruppe und kam vom Weg auf die Gesellschaft zu. Dieser Weg führte unweigerlich an Larry vorbei, der hochschnellte, knurrte, bellte – und schnappte. Nicht nur der Hund hatte sich erschreckt, alle zuckten zusammen, der herankommende Mensch machte einen Satz nach hinten. Zum Glück war »nichts« passiert (bis auf die ungünstige Lernerfahrung für Larry!). Frauchen packte sich den Rüden, schimpfte mit ihm, hielt ihn fest und bat die herbeikommende Person, doch noch einmal zu ihnen zu kommen, damit Larry merken könne, dass sie nett sei!

Derartige Situationen gab es an dem Wochenende öfter, denn Frauchen wollte partout Larry nicht aus dem Geschehen nehmen, sondern sah mehr Sinn darin, dass er sich »gewöhnen« müsse, es sei ja nur Unsicherheit und Dominanzverhalten. Alle aufklärenden Argumente und sinnvollen Ratschläge, wie mit der Situation besser und zielführender umzugehen sei, verhallten im Wind. Von der Zuweisung von Aufgaben, denen Larry nicht gewachsen ist, von den Zusammenhängen von Unsicherheit, Stress und Aggressionsverhalten, von den Ausführungen zu situativ angepassten Korrekturmaßnahmen und gnadenloser Überforderung des Hundes, wollte Frauchen nichts hören bzw. fehlte ihr das Verständnis. Das gipfelte in dem Szenario bei der Abreise: Larry saß bereits im Auto, alles war eingepackt, die Fenster und die vorderen Türen waren weit geöffnet. Man wollte sich verabschieden, ein letztes »Hallo« und »Gute Fahrt« mit einem festen Drücken. Frauchen stand am Auto, einige Wochenendteilnehmer gingen auf sie zu. Larry flog mit wildem Gebell und Geknurre gegen das offene Fenster und so viel von ihm herauspasste, so viel war außerhalb. »Aber, Larry, das darfst du doch nicht!«, Frauchens Kommentar dazu. Dann wurde die Tür geöffnet, Larry festgehalten und die Anderen wurden aufgefordert, Larry anzusprechen und etwas im Auto herumzutasten und zu räumen, um Larry zu demonstrieren, dass sie das dürften! Larry knurrte und brummte unentwegt und erhielt jedes Mal einen Klaps von Frauchen auf die Nase. Mittlerweile verzichtete man auf Ratschläge und zog sich lieber zurück. Zuhause angekommen nahm Frauchen immerhin Kontakt zu einem Hundetrainer auf. Dieser hatte aber angeblich wenig Zeit und schaute sich Larry lediglich bei einem Spaziergang durch die Stadt an. Hier verhielt Larry sich eher etwas gedämpft (logisch, da er Stadt so gar nicht kannte!) und zeigte Verunsicherung. Begegnungen mit anderen Hunden verliefen auf Distanz völlig kommentarlos, wurde es enger erfolgte schon mal ein leichtes Brummen, was der Trainer als »völlig normal in dem Alter« wertete. Frauchen war beruhigt, doch alles im grünen Bereich, die Warnhinweise vom Wochenende offenbar nur Unkenrufe. Themen wie Territorialität, Aufgabenzuweisung, Bindungsvoraussetzungen und Klärung des Dominanzbegriffes, wurden weder angesprochen noch berücksichtigt. Analyse der Problemsituationen im Alltag: Fehlanzeige. »Junge Rüden sind so!«, statt »Junge Rüden in dem Alter können solches Verhalten zeigen, aber dann sollte so und so reagiert werden.« Damit war für Frauchen die Geschichte zufriedenstellend erledigt. Mit zunehmendem Alter würden alle Probleme – die ja nur für die Anderen problematisch sind – in Schall und Rauch aufgehen. Oder vielleicht doch nicht?

Leider nein! Leidtragender diesmal: Filou. Beide Rüden liefen morgens auf die Weide zu den Pferden. Schon öfter hatte es in der letzten Zeit Spannungen zwischen den beiden Hunden gegeben, denen Filou aber immer auszuweichen versuchte. Doch Larry setzte nach, provozierte und stänkerte. Frauchen erklärte sich das damit, dass die alte Trine eventuell läufig werden würde. An diesem Morgen war es wieder arg. Larry stänkerte und stellte sich Filou ununterbrochen in den Weg, rempelte ihn und beschnitt seinen Bewegungsradius massiv. Dann zwickte er Filou, der aufjaulend zum Frauchen

Wer sich bildet hat mehr vom Leben.

zurücklaufen wollte. Da preschte Larry dazwischen und packte ihn sich richtig. Mit Müh und Not konnte die Frau die Hunde auseinanderbringen. Filou trug viele Bisswunden davon und musste tierärztlich behandelt werden. Damit es solche Situationen zukünftig nicht mehr gibt, zieht die Frau nun beiden Hunden einen Maulkorb an. Dass das allein bei dem Größen- und Masseunterschied keine Lösung ist, will sie nicht wahrhaben. Im Haus sorgt sie dafür, dass Filou seine Ruhe bekommt: Er hat fortan ein eigenes Zimmer, wo er nachts alleine schlafen »darf« und nicht von Larry gestört wird (Meinung von Frauchen, die nach wie vor Zusammenhänge und Grundsätzliches nicht versteht.). Larry und Trine schlafen im Schlafzimmer. Der vorsichtige Vorschlag, vielleicht doch besser Larry in eine kompetente Einzelhaltung zu geben, wurde massiv von sich gewiesen. Was soll dazu noch gesagt werden?

3. BINDUNGSFORMEN UND BINDUNGSTESTS

Wie bereits im ersten Kapitel gezeigt, ist eine Bindung vorwiegend auch mit einem emotionalen Aspekt, und zwar vorrangig dem der Sicherheit und Geborgenheit verknüpft. Deshalb sind Erziehungsmaßnahmen, die über Schmerzzuführung oder mittels Angstauslösung »wirken«, wahre Bindungs-Killer, auch wenn die »treuergebenen« Hunde sich ihren Menschen anschließen (man beachte in diesen Fällen aber WIE sie das tun) und diesen folgen. Bindungen, die Sicherheit geben bzw. vermitteln, können keineswegs nur zu Artgenossen, also innerartlichen Sozialpartnern, entstehen. Gerade das Thema der zwischenartlichen Bindung ist ja für Hunde von besonderer Bedeutung. Neben der Bindung Mensch Hund, über die wir im Wesentlichen in unserem Buch berichten, gibt es auch noch andere Formen zwischenartlicher Freundschaften, die durchaus emotionalen und damit Bindungscharakter haben können. Hier wird zunächst das Beispiel der Herdenschutzhunde (Coppinger und Feinstein, 2018) besonders hervorgehoben. Herdenschutzhunde, die im Zeitraum der sensiblen Phase (ca. fünfte bis zwölfte Lebenswoche) in einer Schafherde oder einer anderen Nutztierherde groß werden, betrachten diese Tiere als Pseudo-Artgenossen. Sie bauen sie gewissermaßen in ihr Weltbild ein und zeigen in der Folge dann nicht nur Schutz- und Verteidigungsverhalten, sondern unterwerfen sich diesen, zeigen Gruß- und anderes soziopositives Sozialverhalten. »Wenn ein künftiger Herdenschutzhund die ersten 16 Lebenswochen mit Schafen aufwächst, wird er Schafe sein Leben lang als primäre Sozialpartner betrachten – er ist auf Schafe geprägt, ähnlich wie die Graugänse auf Konrad Lorenz. Der erwachsene Herdenschutzhund folgt Schafen, zeigt Begrüßungsverhalten und reagiert auf ihre Signale mit zwischenartlichen Dominanz- bzw. Unterwerfungsgesten. Manchmal kommt es zwischen den Hunden und den Schafen sogar zu sexuellen Avancen.« (Coppinger, »Hunde«, S. 115). Ray Coppinger hat bei dem wiedergegebenen Zitat ein wunderbares Bild in seinem Buch, bei dem sich ein großer

Herdenschutzhund einem eigentlich kleineren Schaf aktiv unterwirft und es damit sozial begrüßt. Ähnliches ist auch im Buch »Herdenschutzhunde« (Krivy, 2004, 2012, S. 136) zu sehen.

Dies ist einer der Hauptgründe, warum immer wieder vor der Übernahme eines Hundes aus Arbeitslinien gewarnt wird. Es geht weniger um den Typ des Hundes pauschal, sondern um seinen Hintergrund, sein gewohntes Habitat, seine gemachten Erfahrungen und, was uns die Epigenetik immer umfassender belegt, die Erfahrungen seiner direkten Vorfahren! Wie deutlich die Alltagswelt eines für den Einsatz bei Nutztieren im Vergleich zu dem des für ein familienbezogenes Leben vorgesehenen Herdenschutzhunde-Welpen ist, zeigen die von Krivy veröffentlichten Entwicklungsgegenüberstellungen*.

Weitere Fälle, bei denen Angehörige anderer Arten von Hunden in dauerhafte und durchaus auch emotional getönte Freundschaften einbezogen werden, umfassen zum Beispiel eine Spielgemeinschaft zwischen Geparden und Hundewelpen im San Diego Zoo (siehe Gansloßer und Käufer, 2017). Auch in einer Spielgemeinschaft zwischen Terrier und Ziegenbock, stieg das sogenannte Bindungshormon Oxytocin sowohl beim Hund als auch beim Ziegenbock, beim Böckchen sogar auf mehr als das Doppelte.

Der Mensch ist selbstverständlich der ideale zwischenartliche Bindungspartner für den Hund.

* Krivy, »Herdenschutzhunde«, 2004, 2012, S. 126 ff.

Herdenschutzhunde zeigen Demutsverhalten auch den Nutztieren gegenüber.

Durch die lange gemeinsame Geschichte haben Hunde die Fähigkeit, sich in einen Menschen so weit hineinzuversetzen, dass sie nicht nur dessen Kommunikation verstehen, sondern durchaus auch empathisch seine momentane Gefühlslage erkennen können. »Hunde sind wie Menschen soziale Wesen und eine über die Jahrtausende gemeinsame Geschichte hat bei beiden ihre Spuren hinterlassen. So haben Hunde durch das Zusammenleben mit den Menschen gelernt, deren Mimik und ihr Verhalten zu lesen und deren Gefühle perfekt einzuschätzen. Aber auch Menschen lassen sich von ihren Hunden beeinflussen, was etwa in der tiergestützten Therapie genutzt wird, bei der

Feste Freundschaften können auch artübergreifend geschlossen werden.

sich Menschen in Anwesenheit eines ausgeglichenen Tieres entspannen können.«* Auch hierfür ist jedoch die notwendige Voraussetzung das Kennenlernen des Menschen als potentiell positiv geladenem Sympathieträger im Zeitraum der sensiblen Phase, die eben bei den meisten Hunderassen irgendwo zwischen der fünften und zwölften Lebenswoche liegt. Nur wer in dieser Zeit Menschen als positiv, sympathisch und angenehm kennenlernt, kann sie später dann auch als Bindungspartner akzeptieren. Das bedeutet aber noch nicht, dass in diesem Alter bereits Bindungen zu Menschen (Züchter als verständnisvolle Großeltern haben hier eine andere Bedeutung) aufgebaut werden können.

Die Fähigkeit, Menschen individuell zu unterscheiden und damit auch eine individuelle Bindung aufbauen zu können (Exklusivität!), beginnt bei den meisten Hunden etwa mit der sechzehnten Lebenswoche. Dazu passt, dass die Hundewelpen etwa in der vierzehnten Woche anfangen zu fremdeln. Fremdeln ist bei Kleinkindern ein Kriterium dafür, dass nun Individuen unterschieden und Fremde abgelehnt werden können.

* Werner Stangl, 2018, Hund und Mensch, ein Vertrauens verhältnis. Werner Stangls Arbeitsblätter-News, http://arbeitsblaetter-news.stangl-taller.at/hund-mensch-vertrauen/, aufgerufen 2018-07-14, siehe * S. 67.

»Schon Màrta Gácsi et al. (2014) haben gezeigt, dass die Gehirnaktivität bei Hunden angeregt wird, wenn Hunde menschliche Laute hören, denn Hunde besitzen ähnlich wie Menschen spezielle Areale für die Verarbeitung von Sprache und nehmen dabei auch den emotionalen Gehalt wahr, der über die Stimme transportiert wird. Man vermutet, dass Hunde sich ihren Haltern gegenüber ähnlich verhalten, wie es Kinder mit ihren Eltern tun, denn bei Gefühlen wie Angst oder Sorge suchen sie ihren Besitzer auf. Das gilt etwa nicht für andere Haustiere wie Pferde oder Katzen. Viele Menschen (sprechen) mit einem Hund wie mit einem Kleinkind, d. h., sie wechseln in eine höhere Tonlage und reden besonders deutlich. Allerdings ist das nur in Bezug auf Welpen angebracht, denn nur diese reagieren auf eine solche Ansprache besonders aufmerksam. An erwachsene Hunde sollte man sich nach Untersuchungen von Ben-Aderet et al. (2017) hingegen auf eine erwachsene Art und Weise wenden. Es zeigte sich nämlich, dass ältere Hunde auf die Babysprache nicht wirklich ansprechen, sondern diese haben im Laufe ihres Lebens gelernt,

Hunde können für körperlich oder seelisch gehandicapte Menschen großartige Co-Therapeuten sein und ihnen Freude, Spaß und Hilfe bieten.

menschliche Laute, die nicht direkt von ihren Besitzern kommen, weitgehend zu ignorieren.«* Nicht umsonst werden Hunde, die in einer Familienumgebung in unserer mittel- oder westeuropäischen Situation aufwachsen, oft mit zweisprachigen Menschen verglichen.

Bindung und frühe Jugendentwicklung

Die notwendige Voraussetzung für eine spätere, mehr oder weniger unkomplizierte Bindung eines Hundes an den Menschen, ist die nochmalige Bestätigung im Zeitraum zwischen sechstem und zwölftem Lebensmonat. In diesem Zeitraum, der etwa dem eines dreizehn- bis siebzehnjährigen menschlichen Jugendlichen entspricht, müssen alle zuvor in den ersten Prägungsphasen bereits etablierten Kenntnisse und Bedeutungen nochmals bestätigt werden – sonst sind sie weg. Hunde, die in diesem Zeitraum in einer guten, strukturierten und vor allem sozial angenehmen Wohlfühlumgebung eines perfekten Familienlebens aufwachsen, haben in ihrem ganzen weiteren Leben ein erheblich geringeres Risiko für Bindungsprobleme und auch für Trennungsängste. Hunde, die in diesem zweiten Abschnitt den größten Teil des Tages im Zwinger verbringen müssen, verlieren ihre Prägung auf den Menschen weitgehend wieder und sind dann fast wie auf den Menschen ungeprägte Artgenossen zu betrachten.

Gerade in diesem Zusammenhang muss daher nochmals auf die verhängnisvollen Auswirkungen der Zwingerhaltung hingewiesen werden, wie dies in einer ganzen Reihe von Studien auch und gerade bei Diensthunden bereits nachgewiesen wurde. Und es hilft eben auch überhaupt nichts, einen Welpen (noch!) im Haus zu halten, um ihn dann als Halbjährigen in den Zwinger zu verdammen, wie es nicht selten gehandhabt wird, um dem Welpen »einen besseren Start und bessere Gewöhnung« zu bieten – er sein weiteres Leben aber in Zwingerhaltung zu verbringen hat!

Im Zeitraum vor dieser vierzehnten bis fünfzehnten Woche, haben Menschen eine allgemeine soziale Attraktivität für Hunde. Bereits in früherem Alter, ca. ab der fünften bis siebten Woche, sind Menschen für Hunde durchaus sozial interessant. Bekannt sind Versuche, wonach von ihrer Mutter in normaler, westeuropäischer Hundemanier aufgezogene Welpen im Alter von sieben Wochen sich mehr für einen fremden Menschen als für einen fremden Hund interessierten, wogegen von Menschen mit der Flasche aufgezogene und perfekt auf sie geprägte Wolfswelpen dagegen den fremden Hund interessanter fanden als den fremden Menschen.
Wer deshalb dem Halter eines zehn- bis zwölfwöchigen Welpen schon vorwirft, sein Hundekind habe ja gar keine Bindung zu seinem Menschen,

* Werner Stangl, 2018, Hund und Mensch, ein Vertrauensverhältnis. Werner Stangls Arbeitsblätter-News, http://arbeitsblaetter-news.stangl-taller.at/hund-mensch-vertrauen/, aufgerufen 2018-07-14

Bei Menschen wie bei Hunden wirkt Oxytocin auf das Bindungsverhalten des Lebewesens.

hat offenbar nicht nur den sprichwörtlichen Schuss nicht gehört, sondern ist für eine ganze Gewehrsalve taub.

Unterschiede im Bindungsverhalten zwischen Hunden und Menschen sind zum Teil sicherlich rassebedingt, können jedoch auch in anderen, teilweise zumindest genetisch vorgegebenen, Zusammenhängen auftreten. Auch hier spielt unter anderem das Oxytocin mit. Es konnte gezeigt werden*, dass verschiedene Genvarianten des Oxytocin-Rezeptorgens, also desjenigen Gens, das die Bindungsstelle (sozusagen den Schließzylinder) für das Oxytocinmolekül (sozusagen den Schlüssel) im sozialen Teil des Gehirns beschreibt, sowohl bei Hunden als auch bei Menschen für deren Beziehungs- und Bindungsstil mitverantwortlich sind. Es gab auch Wechselwirkungen zwischen den verschiedenen Genvarianten des Oxytocin-Rezeptorgens bei Hund und Mensch und der jeweils daraus entstehenden Bindungsform.

Der Persönlichkeitsfaktor »Geselligkeit mit Artgenossen« wird nicht nur genetisch bestimmt.

* Kovacs et al., 2018

Spielerische Auseinandersetzungen, ausgewogenes Raufen und Gerangel, sind für Welpen wichtige Aspekte zum Erlernen von sozialen Verhaltensweisen.

Ein wichtiger Einflussfaktor in der Jugendentwicklung ist das Spielverhalten mit Babysittern und Wurfgeschwistern vor allem im Zeitraum zwischen achter und vierzehnter Lebenswoche. Deshalb ist es auch für die Beziehungsfähigkeit und spätere Bindungsfähigkeit eines Hundes sehr wichtig, dass er sich in dieser Zeit eben auch spielerisch und anderweitig positiv sozial mit Babysittern und auch mit Gleichaltrigen beschäftigen kann. Dies ist einer der Gründe, weswegen man heute eben empfiehlt, Welpen nicht in der achten, sondern erst zwischen zehnter und zwölfter Woche abzugeben. Dies ist auch einer der wichtigsten Gründe für gut gestaltete Welpenstunden, in denen soziales Spielen mit den gleich oder ähnlich alten »Kumpels« eben zum Programm gehört. Freilandstudien an verschiedenen Kanidenarten, sogar bei den eigentlich als eher ungesellig beschriebenen Rotfüchsen zeigen, dass Welpen, die in diesem Zeitraum besonders intensiv sozial spielen, mit höherer Wahrscheinlichkeit länger in der eigenen Familie bleiben oder auch als Babysitter den nächsten Wurf ihrer Geschwister im nächsten Jahr mitbetreuen.

Mehrere Bindungspartner sind möglich

Wie wir in Kapitel 1 bereits gesehen haben, bedeutet Exklusivität einer Bindung ja nicht, dass man nur einen Bindungspartner haben kann. »Jedes Individuum kann während seines gesamten Lebens verschiedene emotionale Beziehungen eingehen. Alle diese Beziehungen haben gemeinsam, dass sie andauern, sich auf ein bestimmtes Individuum beziehen und emotional bedeutungsvoll sind. Außerdem tendieren emotional verbundene Individuen dazu, Nähe und Kontakt miteinander zu halten und zu leiden, wenn sie unfreiwillig getrennt werden.«* Dies gilt nicht nur in der Abfolge, sondern auch in parallel verlaufenden Bindungsbeziehungen. Die typische Situation unserer Familienhunde ist ja die, dass sie von mehreren Menschen in der Familie gleichermaßen betreut und hoffentlich auch zumindest mit Beziehungen gepflegt werden. Hunde konnen, wie einige Anfangsstudien dazu zeigen, hier durchaus auch Beziehungen oder Bindungen unterschiedlicher Qualität zu ihren Menschen ausbilden. Ein freundlicher Zweitmensch aus der Familie, auch wenn dieser öfter den Hund spazieren führt oder füttert oder mit ihm Sport macht, ist jedoch beispielsweise beim Bindungsfaktor »sicherer Hafen« oder auch beim überschäumend-temperamentvollen Spiel, kein Ersatz für den Hauptbezugsmenschen.

* Amelie Maria von Gaertner, Dissertation, S. 33, Hannover, 2009

Hunde gewichten auch die Bedeutung und die Wertigkeit der Menschen in der Familie, wobei auch hier normalerweise das Futtergeben eben nicht die wichtigste Komponente ist. Dies erstaunt nicht weiter, wenn man weiß, dass die meisten Hunde lieber mit Menschen Kontakt haben oder mit ihnen zusammenarbeiten, wenn sie sozial (Lob, Streicheleinheiten) belohnt werden, statt nur über Futter bestätigt zu werden.

Hieraus erklärt sich auch ein Umstand, der vielen Hundebesitzern bekannt sein könnte und sie manchmal verwundert: Den ganzen Tag ist das »Frauchen« mit dem Hund zusammen, sie füttert ihn, sie geht mit ihm Gassi, ansonsten kümmert sie sich aber nicht groß um den Vierbeiner, da sie mit Haushalts- und Familienführung völlig ausgelastet ist. Kommt abends »Herrchen« nach Hause, ist Frauchen beim Hund völlig abgemeldet. Der Vierbeiner sucht die Nähe von Herrchen, beide genießen ausgiebige Kuscheleinheiten, gehen zusammen eine Runde Joggen. Am Wochenende geht es zwar mit der ganzen Familie zum Hundeplatz, doch spielen die Kinder mit den anderen auf dem Gelände, das »Frauchen« ist im Thekendienst verplant und das »Herrchen« läuft mit dem Schnüffelexperten eine Fährte, saust mit ihm durch den Sportparcours oder übt – hoffentlich hundzugewandt und abwechslungsreich – die willige Ausführung von Anweisungen. Deutlich zeigt sich, dass nicht die Quantität, sondern die Qualität der gemeinsam verbrachten Zeit eine Rolle spielt. Wobei hiermit ausdrücklich nicht nahegelegt werden soll, dass der Hund eine 24 Stunden Dauerbespaßung braucht bzw. dieses begrüßt. Ganz im Gegenteil. Auch Ruhe, Entspannung und

Das Leben kann so schön sein!

gepflegtes Nichtstun, sind wichtig. Aber »einfach nur mitzulaufen« und dabei weitestgehend unbeachtet zu sein, ist eben auch nicht des Hundes Bestreben. Eine solche Beziehung hat nachvollziehbar wenig Attraktivität und sicherlich keine Exklusivität.

Bindungstests

Was macht eine gute Bindungsbeziehung aus? Bei einer studiengestützten Beantwortung solcher und ähnlicher Fragen kommt es sehr stark auch auf die Durchführung der jeweiligen Studien an. Die Frage der Beziehung zwischen Hund und Mensch kann auf verschiedenen, auch methodisch unterschiedlich aufwendigen Wegen untersucht werden. Fragebögen sind hierbei ein valides Instrument. Die Bindung – sowohl eines Hundes an seinen Menschen als auch des Menschen an den Hund – kann durchaus über geeignete, dann meistens auch statistisch abgesicherte mehrteilige Fragebögen erforscht werden. Gut konstruierte Fragebögen, etwa der inzwischen auch in unserer Gruppe für den deutschen Gebrauch angepasste Lexington-Bindungsfragebogen, können sogar zwischen verschiedenen Teilgebieten (allgemeines Bindungsverhalten, emotionale Bindung, Einstellungen zu Tierschutz und Tierwohl) unterscheiden. Bezüglich der hundlichen Seite bestehen ebenfalls

Möglichkeiten, über Fragebögen (die dann selbstverständlich von einem Menschen ausgefüllt werden) allgemeines Bindungsverhalten, Tendenzen zur Geselligkeit und Freundlichkeit zum Menschen und andere Persönlichkeitseigenschaften abzufragen. Hierfür werden beispielsweise die in der Budapester Arbeitsgruppe entwickelten Fragebögen oder im englischen Sprachraum der Monash-Test oder der aus der Arbeitsgruppe von James Serpell stammende C-BARQ Fragebogen eingesetzt. Letzterer ist auch online frei geschaltet. Wer sich durch einen längeren englischsprachigen Fragebogen hindurchwühlen möchte, kann auf diese Weise ein Profil seines Hundes zum Nulltarif erhalten.*

Der andere Weg, der auch bisweilen in vielen Hundeschulen (leider fühlen sich aber da viele berufen und nur wenige sind auserwählt!) angewendet wird, ist ein Bindungstest. Bindungstests sind ein aus der Kinderpsychologie stammendes Werkzeug, das in den letzten Jahren zunehmend auf die Hund-Mensch-Beziehung angewendet wird. Der bekannteste dafür, der auch in den einschlägigen Forschungsgruppen überwiegend Verwendung findet, ist der Bowlby-Ainsworth-Test, auch als Fremde-Situations-Test oder Strange-Situation-Test bezeichnet. Es handelt sich um eine Abfolge von mehreren, jeweils drei bzw. fünf Minuten dauernden Episoden. Bei der ersten Episode befinden sich Hund und Mensch gemeinsam in einem für sie unbekannten Raum. Der Mensch sitzt, der Hund findet verschiedene Spielzeuge vor. Nach Ablauf der ersten drei bzw. fünf Minuten öffnet sich die Tür, und eine freundliche Fremdperson betritt den Raum. Diese versucht dem Hund Spielzeug anzubieten, mit ihm Kontakt aufzunehmen, bleibt die ganze Zeit dabei freundlich zugewandt. Nach dem Ablauf der nächsten vorgegebenen Zeit verlässt der Hundehalter das Zimmer, wobei die Verabschiedung ausdrücklich so wie immer ablaufen sollte. Manche Leute verabschieden sich also von ihrem Hund, andere stehen wortlos auf und gehen. Der Hund bleibt nun mit der freundlichen Fremdperson für den nächsten Zeitraum allein im Raum. Die Fremdperson versucht wieder mit dem Hund zu spielen oder mit ihm Kontakt zu bekommen. Nach Ablauf der nächsten Zeit verlässt auch die Fremdperson den Raum, der Hund bleibt nun alleine zurück. Nach Ablauf der nächsten Zeitspanne betritt der Hundehalter den Raum erneut, auch die Begrüßung soll ausdrücklich »so wie immer« ablaufen.

Der Bindungstest ist also bewusst so angelegt, dass im Laufe der Zeit der Belastungspegel beim Hund leicht angehoben wird. Man kann Bindungen und Beziehungen als Außenstehender nur testen, wenn man die beiden Beteiligten eben auch einem gewissen Belastungspegel aussetzt, um deren Reaktion aufeinander und miteinander zu überprüfen. In einigen Studien werden dazu die Belastungspegel noch zum Beispiel durch eine gemeinsam zu überstehende simulierte Tierarztuntersuchung erhöht. Auch Bedrohungstests werden teilweise in der Überprüfung von Mensch-Hund- Beziehungen angewendet. Hierbei werden dann aber andere Komponenten aktiviert.

* https://vetapps.vet.upenn.edu/cbarq/

In allen Fällen wird letzten Endes die Reaktion des Hundes auf eine kurzfristige, geistige oder körperliche Nichtverfügbarkeit des Hundehalters, die Reaktion auf Außenreize, und damit nicht nur das Erkundungs- und Neugierverhalten, sondern einerseits die emotionale Stabilität, andererseits die Bindungskomponenten »sichere Basis« und »sicherer Hafen«, überprüft. Ein Hund, dessen Sichere-Basis-Effekt funktioniert, wird eben in Anwesenheit seines Menschen deutlich offener Erkundungsverhalten, Neugierverhalten und auch Freundlichkeit zum Fremden zeigen als alleine. Ein Hund in einer distanzierten Bindung kann unter Umständen genau das gegenteilige Verhalten an den Tag legen. Die chaotisch-desorganisiert gebundenen Hunde dagegen haben oft schon mit dem Alleinbleiben von drei bis fünf Minuten so viele Probleme, dass sie in Hektik, Stereotypien, bisweilen sogar Selbstbeschädigung oder in Zerstörungsanfälle im Versuchsraum verfallen.

Wie erwähnt, werden diese Tests auch in Hundeschulen immer wieder durchgeführt. Abgesehen von der Tatsache, dass sie dort selbstverständlich nicht ausreichend standardisiert sind, um für eine wissenschaftliche Untersuchung anwendbar zu sein, müssen auch noch einige andere Punkte dabei berücksichtigt werden. Wer einen solchen Test durchführt, muss mit dem hundlichen Ausdrucksverhalten so gut vertraut sein, dass er oder sie jederzeit abbrechen kann, wenn die Belastung für den Hund zu stark wird. Kompetente Trainer, die solche Tests anwenden, tun dies nämlich. Wenn der Hund sich bereits in einer milden Belastungssituation, beispielsweise bei Betreten des Raums durch den Fremden in Anwesenheit des Hundehalters, so stark belastet oder gar gestresst zeigt, dass sein Ausdrucksverhalten dies deutlich verkündet und er auch kein weiteres Interesse an einem weiteren Zusammenarbeiten mehr hat, dann sollte die nachfolgende Vereinsamung eben gar nicht erst stattfinden. Der berühmte Schweizer Verhaltensforscher Professor Hans Kummer hat einmal in einem Gespräch gesagt, ein Versuch wäre dann gut, wenn Versuchstier und Versuchsleiter gleichermaßen ein Interesse an der Lösung des Problems haben. Dieser Satz kann durchaus nicht nur für wissenschaftliche Untersuchungen, sondern eben auch für die Anwendung solcher Tests im Alltag einer Verhaltensbeurteilung in der Hundeschule angewendet werden.

Berücksichtigt werden muss des Weiteren, dass die Bindung eines Hundes an seinen Menschen eben auch erst im Laufe der abklingenden Pubertät endgültig stabilisiert werden kann. Hunde vor dem Alter von 20 bis 24 Monaten zeigen daher oftmals noch unsichere Bindungskomponenten, genau so, wie dies Jugendliche im Alter von unter 20 zu ihren Eltern oder älteren Freunden ebenfalls tun. Erst mit der Stabilisierung der Persönlichkeit oberhalb von 18 bis 20 Lebensmonaten, kann ein Hund in die Lage versetzt werden, sich mit seinem Menschen so zu beschäftigen, dass ein stabiles und vor allem wiederholbares Bindungsgeflecht dabei entsteht.

Neben dem hier ausführlicher beschriebenen Bowlby-Ainsworth-Bindungstest gibt es noch

andere Möglichkeiten, die Qualität der Beziehung eines Hundes zu seinem Menschen durch milde, keineswegs unzumutbare Belastungen zu untersuchen. Ein in mehreren Studien über Empathie und Stimmungsübertragung zwischen Hund und Mensch verwendetes Verfahren ist beispielsweise die plötzliche und für den Hund, am besten auch für den Menschen, unerwartete Begegnung mit einem merkwürdigen Gegenstand. Hierfür können zum Beispiel ferngesteuerte Modellautos, singende Weihnachtsbäume oder Spielzeugroboter eingesetzt werden. Bekommt der Mensch die Regieanweisung, sich diesem Gegenstand gegenüber freudig begeistert zu zeigen, oder andererseits sich einem solchen Gegenstand gegenüber eher erschrocken, ängstlich oder sogar abwehrend zu verhalten, so übernimmt der Hund oftmals dieses Verhalten von seinem Menschen.

Auch die Aufgabe, seinem Hund in der Versuchssituation einen neuen, möglichst einfachen und für ihn bewältigbaren Trick beizubringen, kann helfen, die Kooperation zwischen Hund und Mensch zu untersuchen. Viele dieser Aspekte gemeinsam liefern ein umfassenderes Bild, wie es zwischen den Beiden wirklich aussieht. Kombiniert man dann diese verschiedenen Versuchssituationen noch mit einem standardisierten Fragebogen, etwa einem der oben erwähnten, dann kann tatsächlich ein sehr gutes und für die Arbeit in der nachfolgenden Trainingszeit hilfreiches Werkzeugsystem vorliegen. Bemerkenswert, dass auch innerhalb einer Rasse (an einer entsprechenden Studie nahmen ausschließlich Border Collies teil) deutlich unterschiedliche Linien existieren, die sich ebenso in ihrem Verhältnis zum Menschen unterscheiden.

Ortsbindung

Lebewesen, seien sie Artgenossen oder zwischenartliche Freunde, sind jedoch nicht die einzigen Kriterien, die ein Bindungsverhalten auslösen können. Auch Ortsbindungen können Sicherheit geben. Hier wieder sind Hundewelpen besonders gute Beispiele: Im Zeitraum etwa von der sechsten oder siebten bis zur vierzehnten Woche ist die Ortsbindung für Hundewelpen mit Abstand die wichtigste, Sicherheit gebende Verhaltensstruktur. Die Mutter klinkt sich ja in dieser Zeit immer mehr aus der Betreuung der Welpen aus. Hoffentlich sind Babysitter und Wurfgeschwister vorhanden, die dann die Sozialisation und auch teilweise die Erziehung des Welpen übernehmen. Sicherheit aber gibt der Ort! Die Hunde- oder andere Kanidenwelpen halten sich in dieser Zeit überwiegend am sogenannten Rendezvousplatz auf. Dort kommt auch gewissermaßen die Welt zu Besuch, es tauchen andere Geräusche, andere Lebewesen und sonstige Umweltreize auf. Diese Ortsbindung ist es auch, die den Weggang des Welpen aus der Zuchtstätte in die neue menschliche Familie problematisch machen kann. Und manch ein Welpe wird hier geradezu traumatisiert, wenn er ohne jeden Übergang in die neue Familie verfrachtet wird. Ein sanfter Übergang ist wichtig. Dabei hilft das Mitnehmen von Geruchsträgern wie etwa Ruheplatzdecken oder Handtüchern oder das vorherige Einbringen von Geruchsträgern aus der neuen Familie bereits an den Rendezvousplatz, also in den Welpengarten oder das Welpenzimmer. Viele solche sanfte Methoden können helfen, diesen Übergang weniger abrupt zu gestalten.

In diesem Zusammenhang interessant: »Gregory Berns et al. (2015) haben die Geruchsverarbeitung im Gehirn von Hunden untersucht, während diese mit verschiedenen Gerüchen von fremden und vertrauten Menschen und Hunden konfrontiert wurden. Hunde bevorzugten dabei nicht nur den Duft des Menschen, sondern vor allem den ihres Hundebesitzers. Dieser aktivierte das Belohnungszentrum im Gehirn, was vermuten lässt, dass Hunde nicht nur grundsätzliche Zuneigung für den Menschen empfinden, sondern ihren Besitzer als Familie erkennen.«*

Die Ortsbindung ist auch ein wichtiger Aspekt bei der Übernahme eines Welpen in die Familie und beim weiteren Umgang mit ihm. Fast immer ist zu bemerken, dass der noch sehr junge Welpe (ca. 8.–10. Woche) sich ungern bis gar nicht aus dem Bereich Haus, Garten entfernen mag. Er bockt wie ein Eselchen und läuft, sobald sich dazu die Gelegenheit bietet, schnell wieder zurück. Grund dafür ist die Ortsbindung. Früher hieß es dann gern von grobstiefeligen Zeitgenossen: »Zieh ihn

* Werner Stangl, 2018, Hund und Mensch, ein Vertrauens verhältnis. Werner Stangls Arbeitsblätter-News, http://arbeitsblaetter-news.stangl-taller.at/hund-mensch-vertrauen/, aufgerufen 2018-07-14

Gerüche lösen Empfindungen aus.

weiter, da muss er durch!« Heute weiß man zum Glück mehr über die Zusammenhänge und lässt den Kleinen im Optimalfall einfach etwas Zeit, Ruhe und Raum. Von Tag zu Tag werden die Radien von alleine größer, die psychische Entwicklung und die vertrauter werdende Beziehung zu den menschlichen Sozialpartnern lässt den Welpen folgen und die Welt zusehends mehr erkunden. Weitere Strecken, zum Beispiel zur Welpengruppe oder zum womöglich notwendigen Tierarztbesuch, werden mit dem Auto oder auch auf dem Arm des Beziehungspartners absolviert. Und zeigt das Hundekind Anzeichen von Überforderung, so obliegt es dem Menschen, für Ruhe, Schutz und Entspannung zu sorgen.

Eine spezielle Form der Ortsbindung ist die Revierbildung oder Territorialität. Reviere oder Territorien (die beiden Begriffe sind weitgehend gleichbedeutend) werden angekündigt, also markiert, und gegen Artgenossen des gleichen Sozialstatus' verteidigt. Sie geben aber auch ihrem Besitzer Sicherheit. Freilandstudien an verschiedensten Säugetierarten (auch beispielsweise in unserer eigenen Arbeitsgruppe an Breitmaulnashornbullen) zeigen deutlich, dass die Körperhaltung und das Ausdrucksverhalten eines Revierbesitzers sich grundlegend und geradezu schlagartig ändern, wenn er beispielsweise auf dem Weg zur Wasserstelle die eigenen Reviergrenzen nach außen überschreitet. Umgekehrt wird der Nashornbulle (andere Kollegen haben dies auch beispielsweise bei Gepardenkatern beschrieben) sozusagen um mehrere cm größer, sobald er auf dem Rückweg vom Wasserloch wieder die erste eigene Reviermarke findet.

4. DOMINANZVERHALTEN IN DER GRUPPE

Leider bestehen im allgemeinen Sprachgebrauch noch mehr Begriffsverwirrungen bzgl. des Begriffs Dominanz. Hier ist beispielsweise die häufig erfolgende Gleichsetzung von Dominanz und Rangordnung anzuführen. Die beiden Begriffe haben aber nur indirekt miteinander zu tun. Eine Rangordnung bedeutet, dass zumindest die wichtigsten Mitglieder einer Gruppe alle in einer mehr oder weniger linear angeordneten Reihe von Dominanzbeziehungen untereinander stehen. Das heißt, wenn A dominant ist über B, und B dominant ist über C, dann ist A auch dominant über C. Bei D, E und F etc. verläuft die Sache genauso. Nur dann, oder wenn es vergleichsweise **wenige** Umkehrungen in dieser Reihenfolge gibt (z.B. A dominiert B, B dominiert C, C dominiert D, aber D dominiert B), spricht man von einer Rangordnung. Die Berechnung dieser Rangordnung ist übrigens mit einer Reihe verschiedener, speziell dafür entwickelter mathematischer Formeln jederzeit möglich. Die meisten dieser Formeln berücksichtigen dabei das Verhältnis der begonnenen, gewonnenen und insgesamt ausgetragenen Auseinandersetzungen. Jürgen Engel (2002) hat die ca. 35 dafür veröffentlichten Methoden verglichen und stellte eben fest, dass es in den allermeisten Fällen um diese Verhältniszahl zwischen begonnenen und gewonnenen Auseinandersetzungen geht.

Und hier ist bereits wieder der nächste Haken in der allgemeinen Wahrnehmung und Titulierung von Hunden: Häufig wird als dominanter Hund ein »kleiner Stänkerer« bezeichnet, der sehr häufig Ärger mit Artgenossen anfängt und dann entweder eins auf die Mütze bekommt oder von seinem Menschen »gerettet« werden muss. Betrachten wir nun die wissenschaftliche Berechnung von Dominanzstrukturen, würde dieser kleine Stänkerer am unteren Ende der Rangordnung stehen. Selbst, wenn er jede begonnene Auseinandersetzung auch gewinnen würde, würde er trotzdem nur im Mittelfeld landen. Die Ranghohen, und damit Dominanten in dieser Rangordnungsstruktur, aber wären diejenigen, die nie anfangen, aber

Hunde sind soziale Lebewesen. Und wenn sie es lernen konnten, dann verhalten sie sich auch sozial.

immer gewinnen, wenn jemand anders glaubt mit ihnen Streit beginnen zu müssen.

Eine zweite, bereits im Kapitel 2 angesprochene, wichtige Unterscheidung ist die, zwischen situativer und formaler Dominanz. Die formale Langzeitdominanz, die eben durch die verschiedenen Verhaltensweisen der Körperhaltung, der Freiraumbegrenzung (Querstehen, T-Stellung etc.) vermittelt wird, hat mit der situativen Sendung von Abwehrsignalen nichts zu tun. Im Bereich der situativen Dominanz finden wir aber, wie bereits kurz erwähnt, beispielsweise das Knurren, Drohen, Fixieren, Drohbellen, Anstupsen und andere, von Hunden zur Regelung von Alltagskonflikten herangezogene Verhaltensweisen. Diese werden auch bisweilen als Abbruchsignale bezeichnet.

Auf Zurechtweisung folgt Versöhnung

Und hier kommen wir wieder zu einem nächsten wichtigen Punkt, wo wir Menschen auch etwas von Hunden lernen können: Abbruchsignale werden, wie unsere Untersuchungen (vgl. Gansloßer, 2015,

mit vielen Beispielen) immer wieder zeigen, in hundlichen Gruppen sehr häufig eingesetzt, ohne dass es dabei zu einer Störung oder gar Zerrüttung des Beziehungsgeflechts kommt. Hunde, die Abbruchsignale senden, haben weder vorher noch hinterher Stress miteinander.

In den allermeisten Fällen zeigt auch der zurechtgewiesene und mit dem Abbruchsignal gestoppte Artgenosse nachfolgend keine Anzeichen von Belastung. Übersprungskratzen, Sich-schütteln, Gähnen oder ein nachfolgendes Meideverhalten dem Sender dieser Signale gegenüber sind extrem selten. Danach aber, und das ist eigentlich das Wichtige, folgt meist eine Versöhnung. Innerhalb weniger Minuten kommt es zu einer neuen Annäherung, die entweder vom Gewinner oder vom Verlierer dieser Auseinandersetzung ausgehen kann. Menschen, die ihren Hund kurz und trocken zurechtweisen, wenn dieser eine Übertretung gemacht hat, handeln also absolut im Rahmen dessen, was im biologischen Normalverhalten einer Hundegruppe üblich ist. Menschen, die den Hund aufgrund seiner Missetaten stunden- oder gar tagelang ignorieren oder nach einer Zurechtweisung das erneute Kontaktverhalten des Hundes schmollend, nachtragend oder aus Prinzip nicht akzeptieren und nicht beantworten, handeln dagegen wider hundlichen Verständnisses. Die Versöhnung ist ein wesentlicher Teil der Aufrechterhaltung stabiler Beziehungen in einer Hunde-, Wolfs- oder anderen Kanidengruppe.

Situativ und korrekt gehandhabte Zurechtweisung belastet nachweislich nicht die Beziehung.

Und im Prinzip auch in unserer menschlichen Gesellschaft – nur vergessen wir es gern ...

Wie wichtig die Versöhnung auch bei Hunden ist, zeigen eben gerade die Beobachtungen, dass sich Dritte/Unbeteiligte gezielt um den Rangtieferen oder Verlierer dieser Zweierkonfrontation kümmern. Freilandstudien an Wölfen zeigen übrigens, dass in Freilandrudeln die Versöhnung meistens vom Rangtieferen angeboten, vom Ranghöheren aber fast immer akzeptiert wird. Bei Gehegewölfen sind die Verhältnisse etwas ausgeglichener, dort ist der Ranghohe nahezu genauso häufig bei der Initiierung des Versöhnungsverhaltens erkennbar. Die einschlägigen Untersuchungen vermuten, dass es in der Freilandsituation um die noch höhere Wertigkeit des Gruppenzusammenhalts und um die noch größere Wichtigkeit des Bleiberechts in der Gruppe für den Rangtiefen geht. Dazu muss vielleicht auch erwähnt werden, dass diese Studien aus dem amerikanischen Yellow Stone Nationalpark stammen, in dem die Wolfsrudel eben überwiegend große Huftiere wie Wapitis, Elche oder sogar Bisons jagen. Hier hätte ein einsamer Wolf noch sehr viel geringere Chancen auf ein Überleben als z.B. in unseren Breiten, in denen sich die Wölfe auch von kleineren Säugetieren ernähren.

Wie auch bereits erwähnt, ist es gerade das Kennzeichen eines stabilen, unbelasteten Beziehungsnetzes in einer Hunde- oder anderen Kanidengruppe, wenn situative Dominanz, Abbruchsignale, Futterverteidigung u.a. auch von »unten nach oben« gesendet werden, diese vom Ranghöheren auch respektiert und akzeptiert werden. Und noch ein wichtiger Punkt zur Futterverteidigung muss unbedingt erwähnt werden: Gerade die Futterverteidigung wird von dem als passiven Stresshormon bezeichneten Cortisol und seinen chemischen Verwandten gesteuert. Cortisol aber ist das Kontrollverlusthormon, das gerade bei rangtiefen, in unsicheren Beziehungen lebenden oder einfach unsicher-ängstlich agierenden Individuen in höherer Konzentration produziert wird (siehe auch Zitat Stangl, Seite 24). Ein futterverteidigender Hund tut dies meistens in einer insgesamt eher unterwürfigen oder zumindest zurückhaltend bis ängstlich wirkenden Gesamthaltung. Selten sieht man einen strahlenden Siegertyp, der nach dem Motto: »Hier stehe ich, ich kann auch anders!« mit großem Pathos seinen Futternapf verteidigt. Wenn nun aber ein solcher, ohnehin verängstigter, unsicherer oder gar insgesamt schon körperlich behinderter oder medizinisch erkrankter Hund aufgrund seines erhöhten Cortisolspiegels sein Futter verteidigt, dieses ihm auch noch als Dominanzverhalten ausgelegt wird, dann ist meistens die Katastrophe vorprogrammiert. Wird der Hund dann aufgrund dieses vermeidlichen Dominanzverhaltens auch noch kastriert, beginnt der bereits oben geschilderte Abwärtszusammenhang erneut. Der Hund wird noch unsicherer, noch stressanfälliger – und damit auch noch defensiv-aggressiver werden.

Do not disturb!

Auch die immer noch und nicht selten geäußerte Ansicht, man müsse seinem Hund jederzeit das Futter wegnehmen können, um die ranghohe Position des Menschen zu demonstrieren, kann zu vielerlei Problemen führen. In den ungünstigsten Fällen entstehen gerade daraus häufig die Beißvorfälle im häuslichen, familiären Umfeld, die, wie Haus- und Kinderärzte berichten, mit einer sehr hohen Dunkelziffer in den diversen Arztpraxen auftauchen.

»Eine bundesweit vorgeschriebene Meldepflicht für Hund-Mensch-Beißvorfälle in Deutschland gibt es nicht, außer im Bundesland Sachsen-Anhalt. Dort existiert in dem »Gesetz zur Vorsorge gegen die von Hunden ausgehenden Gefahren« aus dem Jahr 2009 ein Absatz, der Humanmediziner und Veterinärmediziner verpflichtet, einen von ihnen behandelten Hundebiss zu melden (GefHuG ST §13 Abs. 1 und 2).«*

Ein Hund muss in Ruhe, ungestört und in seinem eigenen Fresstempo seinen Napf leeren können. Das müssen Kinder zu berücksichtigen lernen. Und in Mehrhundehaushalten muss der Mensch dafür sorgen, dass diese Ruhe gewährleistet ist. Ein Grund, warum das gemeinsame Füttern aus einem Napf oder das Füttern in nebeneinanderstehenden Näpfen nicht empfehlenswert ist, auch wenn die Hunde untereinander damit kein Problem zu haben scheinen und nicht futterverteidigungsbereit agieren. Auch der Mensch hat doch gern seinen eigenen Teller.

* Kathrin Roiner, Dissertation, Seite 21, Berlin, 2016

Da die bereits mehrfach erwähnten diversen Studienergebnisse belegen, dass Rangposition und Futterzuteilung nicht in direkt kausalem Zusammenhang stehen, sollte das Herausgeben von Beute auch endlich nicht mehr unter diesem Aspekt betrachtet werden. Das steht aber nicht im Widerspruch zur Notwendigkeit, dem Hund in bestimmten Situationen Dinge wegnehmen zu können, z.B. wenn er auf Spaziergängen etwas aufgenommen hat, was für ihn gefährlich werden könnte. Deshalb ist ein entsprechendes Kommando (»Aus«, »Lass es«, »Gib's mir«) hundeverständlich und konstruktiv von jung an zu etablieren. Dies als sinnvolle und zweckgebundene Erziehungsmaßnahme z.B. im Sinne von Tauschhandel aufzubauen oder den Hund zu ermuntern, gefundene Dinge zu bringen, um dadurch Begeisterungsstürme des Menschen auszulösen und Streicheleinheiten, Spiel oder Leckerchen zu ergattern, erweist sich als wesentlich zielführender und fördert die Kooperationsbereitschaft.

FALL BEISPIEL

Elba

Elba ist eine Maremmahündin und kommt mit vier Monaten aus einer guten, gewissenhaft züchtenden und auf Menschen prägenden Zuchtstätte nach Deutschland. Sie wurde von ihrem zukünftigen Menschen, einer jungen Frau, lang herbeigesehnt und fiebernd erwartet, die neue Halterin und ihr Bekanntenkreis freuten sich auf den vierbeinigen Einwanderer. Endlich sollte es den eigenen Hund geben. Und es sollte wirklich dieses anmutige, weiße, elfenhaft wirkende Wesen werden. Elba wird angehimmelt und vergöttert, große Erwartungen werden in sie gesetzt.

Die junge Frau engagiert sich im Tierschutz als Pflegestelle und hält bereits eine Hundegruppe von zur Zeit sechs Hunden diverser Größen und beiderlei Geschlechts. Die Halterin der Hunde ist eher vom weichen, sehr fürsorglichen Typ. Sie will alles besonders gut machen und liest sehr viel. Sie ist durchaus lernwillig und -eifrig, dabei aber auch sehr vorschnell. Bevor Zusammenhänge überhaupt richtig verstanden werden, verfällt sie bereits in Umsetzungsaktionen, die dann in logischer Konsequenz zu wenigen bis keinen, zum Teil sogar zu negativen Effekten führen. Vieles von dem Gelesenen wird von der jungen Frau falsch interpretiert. Die Hündin wird mit Aufmerksamkeit überschüttet, nie alleine gelassen, Grenzen werden, wenn überhaupt, nur sehr zaghaft gesetzt, was ebenso dem Haltertyp entspricht. Außerdem zeigt sich rasch, dass die Frau sich auf den starken Charakter Elbas gar nicht einstellen kann und die gesamte Form des Umgangs die Maremmahündin verwirrt. Doch die Halterin denkt, ihre bisherige Erfahrung reiche aus, um alles zum Positiven zu führen.

Die Hündin entwickelt sich schnell zu einem unsicheren, aufgeregten Hund, der übergriffig knabbert und kneift. Sie klettert eigenmächtig auf das Sofa und distanzlos auf den Schoß von Menschen und klaut vom Tisch. Auch scheint sie Erlerntes nicht ins Langzeitgedächtnis zu übernehmen. Sie buhlt um Aufmerksamkeit, die sie insbesondere dann bekommt, wenn sie Unsinn macht. Also lernt sie Unsinn zu machen – und den macht sie bald nonstop. Ruhiges Arbeiten, Telefonieren, ein Buch zu lesen, normale Dinge zu tun – all das ist alsbald für die Halterin nicht mehr

möglich. Der Hund ist dauerhaft in Aktion, steht inzwischen unter immensem Stress, fordert ununterbrochen – und meistens mit Erfolg. Zur Ruhe kommt sie nur noch nachts (einigermaßen). Bald wird sie auch den anderen Hunden gegenüber übergriffig. Die Halterin berichtet von Beißattacken, auf genaue Nachfrage ist jedoch nie etwas Ernsthaftes passiert. Doch die anderen Hunde haben inzwischen alle Angst vor ihr. Keiner mag mehr in ihre Nähe gehen. Nachts wird Elba ans Bett angebunden, damit sie nicht über das Bett hinweg zu den Anderen geht und einen von ihnen »angreift«. Überhaupt verbringt sie viel Zeit angebunden oder weggesperrt, damit sie keinen Blödsinn macht – ein weiterer Stress- und Frustfaktor. Sie wird nun auch nicht mehr alleine mit den anderen Hunden gelassen, weil man Übergriffe und Verletzungen fürchtet. Eigentlich wird sie überhaupt nie alleine gelassen. Lediglich im Auto bleibt sie mal für eine Stunde ruhig. Dieses verteidigt sie dann natürlich gegenüber den anderen Hunden, so dass der gemeinsame Transport schwierig bis unmöglich wird.
Entgegengesetzt zu dem aufdringlichen Verhalten zuhause und dem innerhalb der Hundegruppe, steht eine große Unsicherheit gegenüber der Umwelt. Draußen ist sie fast nur mit geklemmter Rute unterwegs. Bei Reizen soll sie selber an langer Leine erkunden, auch hierbei erfährt sie kaum bis keine Anleitung durch die Halterin. Mensch wie Hund sind total überfordert, mit den Nerven am Ende und eine Abgabe Elbas wird überlegt. Aber noch immer wurschtelt die Halterin alleine vor sich hin und kann sich das Scheitern nicht eingestehen.
Als es Spitz auf Knopf steht, wird dann aber doch die Reißleine gezogen. Es erfolgen ernsthafte Gespräche mit und eine umfassende Analyse des Ist-Zustandes durch eine kompetent ausgebildete und mit dem Hundetyp vertraute Hundetrainerin, die aber leider weit weg wohnt. Lösungsansätze werden erarbeitet und durchgesprochen. Die Halterin ist endlich entschlossen, es mit aller Konsequenz anzupacken. Die Abgabe von drei Pflegehunden bringt ebenfalls deutliche Erleichterung für die Halterin und Verminderung des Stresses in der häuslichen Situation.
Die Fernanleitungen über eine Distanz von 600 km können jedoch nur rudimentär und kurzfristig helfen, weil Situationen zwar subjektiv geschildert werden, aber die objektive Vor-Ort-Einschätzung mit entsprechender individueller und punktgenauer Anleitung fehlt. Das sieht nun endlich auch die Halterin ein. Nach vielem Hin und Her wird nach 1,5 Jahren endlich ein lokaler Trainer hinzugezogen, der das Team beobachtet und situativ Tipps geben kann. Endlich wird der Halterin klar, dass zum großen Teil sie es ist, die gut gemeint, aber nicht gut gemacht, zu Stress, Chaos, unguter Gruppendynamik, kaum Orientierung an ihr, kaum Bindung, kaum Gemeinsamkeit und Kooperation, dafür immer mehr Eskalation beigetragen hat. Nun scheint es sich langsam zu beruhigen und bergauf zu gehen. Bleibt zu hoffen, dass jetzt Konsequenz und Durchhaltevermögen der Halterin dazu führen, dass Elba ihr Potenzial positiv zu entfalten lernt und Mensch und Hund zu einem Team zusammenfinden.

Erwachsene Hunde initiieren gern Erziehungsspiele zur Vermittlung von Benimm-Regeln.

Babysitter kümmern sich

Hiermit sind wir beim nächsten wichtigen Thema: Erziehung. Erziehung findet nämlich in Hundegruppen oft, geradezu überwiegend, auch durch rangtiefere Babysitter statt. Die Mutter oder auch der Vater, sind nahezu definitionsgemäß fast immer die Ranghohen in der Gruppe, da das Fortpflanzungsprivileg ja fast das einzige ist, was ihnen noch bleibt (auch wenn dieses durch Fremdgehen immer wieder gebrochen wird, aber das ist ein anderes Thema). Die Babysitter sind die Jungtiere der vergangenen Jahre oder rangtiefe Erwachsene mit Bleiberecht. Trotzdem, oder gerade deswegen, haben sie aber auch die Aufgabe, die übergriffigen Welpen zurechtzuweisen. Und das geschieht in einer durchaus dramatisch wirkenden und eindrücklichen Weise. Oftmals unterrichten die Babysitter die Welpen sogar speziell im Gebrauch von Abbruchsignalen, in dem sie sich sehr provokant mit einem eigentlich für sie völlig uninteressanten Spielzeug, Kauknochen oder ähnlichen Gegenstand hinstellen oder legen und geradezu darauf warten, dass der Welpe sich nähert. Tut er das, erfolgt erst ein fixierender, strenger Blick, dann ein leichtes »Grrr«. Versteht der Welpe die Warnung noch immer nicht, erfolgt dann anschließend ein sehr lautes und überzeugendes »Ratazong«. Der Welpe lernt auf diese Weise, was es bedeutet, wenn ein Artgenosse ihn fixiert oder die Nase rümpft. Er wird das nächste Mal freiwillig den Platz räumen oder den betreffenden Gegenstand jedenfalls nicht mehr begehren.

FALL BEISPIEL

Tante Gaia

Gaia war die beste Tante, die sich ein Hundekind nur wünschen kann. Selber ausgesprochen spielfreudig und optimistisch, bis ins hohe Alter mit kindlichem Gemüt ausgestattet und mit einer wahren Engelsgeduld beseelt, widmete sie, die selber nie Nachwuchs zur Welt gebracht hat, sich begeistert allen Welpen, die durch die anderen Hündinnen in der Familie geboren wurden. Die »echten Mamas« hielten anfangs ein wachsames Auge auf das Geschehen zwischen den eigenen Welpen und der Tante (die sie zum Teil auch im realen Verwandtschaftsverhältnis war). Schnell erfassten sie aber, dass von Tante Gaia keine Gefahr ausging – eher im Gegenteil. So gaben sie offenbar gern und wie selbstverständlich Aufgaben der Bespaßung, der Obhut, aber auch der Fürsorge ab. Die Welpen profitierten außerordentlich davon. Gaia agierte albern, hatte immer lustige Ideen, spielte und kuschelte mit den Hundekindern, zeigte ihnen die Welt und bot ihnen Schutz und Beistand, wenn erschreckende oder furchtauslösende Situationen aufkamen. Und sie trainierte mit den Kleinen das Erkennen, Verstehen und Berücksichtigen von Abbruchsignalen, eine zentrale Aufgabe von Babysittern. Dazu ließ sie sich immer wieder Erziehungsspiele einfallen, die den Welpen Ahnungen von »Mein« und »Dein« und von eingeforderten Distanzen vermittelten. Beliebt war »Mein Stock«: Gaia suchte sich einen Stock, den sie stolz im Maul tragend den Welpen offerierte. Versuchten die, in ein Ende reinzubeißen, drehte sie, die vielfach größer als die Welpen war, einfach etwas den Kopf zur Seite. Dann legte sie sich den Stock zwischen die Beine.

Natürlich wollten die Welpen nun an den vermeintlich besser erreichbaren Stock am Boden. Doch die Rechnung wurde ohne Tante Gaia gemacht! Mit Nase kräuseln, Lefzen blecken, »Grr« und »Wuff« wurden die Kleinen auf Distanz gehalten. Wer glaubte, dass Tante Gaia nur scherzen würde, der erhielt von ihr auch schon mal massivere Behandlung in Form von Rempeln, Drüberstellen oder Niederdrücken. In der Regel aber verstanden die Welpen recht schnell bzw. waren bereit zu verstehen und verzichteten in der Folge auf Diskussionen.

Das Ende der Erziehungsmaßnahmen gestaltete Tante Gaia durchaus kreativ unterschiedlich, was interessant wie lustig anzuschauen war: Mal stand sie auf und ging einfach weg. Nun konnten sich die Welpen um den Stock streiten und sich untereinander damit beschäftigen. Manchmal schienen sie sogar die vorher erlebte Sequenz mit der Tante unter sich nachzustellen. Ein anderes Mal aber honorierte Tante Gaia Kooperation und Einfallsreichtum der Welpen, wenn z.B. mehrere Welpen Interesse an dem Stock hatten und gemeinschaftlich versuchten, Tante Gaia auszutricksen. Dabei gingen dann eventuell ein oder zwei Welpen um sie herum und zupften von hinten an ihrem Schwanz. Drehte sie sich daraufhin um und versuchte, die »Angreifer« zu stupsen, machten andere Welpen vor ihr einen Satz zum Stock und »klauten« diesen. Das häufig in diesen Situationen zu erlebende breite Grinsen von Tante Gaia sprach Bände!

Die Übernahme der Babysitterfunktion ist in hundlichen Gruppen meistens klar geregelt, da die Mutter sich weitestgehend – mit Ausnahme der Säugefunktion aus der Betreuung der älteren Welpen – herausnimmt. Und dann kommt das Problem in der menschlichen Familie: Auch hier wiederum können falsche Ratschläge zu einem erheblichen Verletzungsrisiko führen. Wer, gar als Trainer, einem menschlichen Familienvater oder einer -mutter rät, dafür zu sorgen, dass das Kind in jedem Falle ranghöher sein muss als der Hund, begeht Aufforderung zur gefährlichen Körperverletzung. Der Hund wird nämlich diese Verhaltensweisen nicht als das akzeptieren, was der Mensch aus seinem Verständnis von äffischem Sozialverhalten glaubt. Der Hund wird u.U. nach seinem hundlichen Verständnis von Sozialverhalten handeln. Das bedeutet dann eben: »Einsatzbefehl für Babysitter, reglementiere den übergriffigen Jungspund«! Und ein Schnauzgriff ist nun mal bei unseren Kindern gefährlicher als bei den nahezu unkaputtbaren Hundewelpen. Fazit: Wer einen Hund und kleinere Kinder in seiner Familie hat, ist dafür verantwortlich, dass auch der Hund vor den Kindern geschützt wird. Und zwar in einer Weise, die auch der Hund versteht. Sein **Futter**, sein **Spielzeug**, sein **Ruheplatz**, sind tabu, auch – und gerade! – für Kinder. Eine Selbstverständlichkeit sollte es auch sein, dass zumindest Kinder im einstelligen Lebensalter niemals alleine mit dem Hund zurückgelassen werden. Stattdessen hört man immer wieder von Eltern mit rosaroter Brille und wenig Hundeverstand, dass ihr Knirps mit dem Hund alles (!) machen könnte. Was dann »alles« im Einzelnen bedeuten kann, wird gern in blumigen Ausführungen geschildert. Es mag einem die Schauer den Rücken hinunterjagen und man wundert sich, dass nicht noch viel mehr an Zwischenfällen passiert.

»Kinder werden häufiger gebissen als erwachsene Personen *(Horisberger 2002, Kahn et al. 2004, Mathews und Lattal1994, Uhlarik et al. 2000).* Die meisten Bisse bei Kindern ereignen sich bis zu einem Alter von zehn Jahren, eine Häufung ist im Bereich von drei bis sechs Jahren zu erkennen *(Horisberger 2002, Uhlarik et al. 2000).* Kleinkinder erleiden meist Bisse im Gesicht *(Cornelissen und Hopster 2010, Horisberger 2002, Jaindl et al. 2012, Uhlarik et al. 2000)* Ältere Kinder und erwachsene Personen werden primär an den Extremitäten verletzt *(Cornelissen und Hopster 2010, Horisberger 2002, Jaindl et al. 2012, Uhlarik et al. 2000).* In Spanien und Trinidad ergaben Studien, dass bei den Kindern mehr Jungen als Mädchen betroffen waren *(Georges und Adesiyun 2008, Méndez Gallart et al. 2002).* Die überwiegende Anzahl an Hundebissen bei Kindern geschah mit familieneigenen Tieren oder einem bekannten Hund *(Daniels et al. 2009, Horisberger 2002, Kahn et al. 2004, Méndez Gallart et al. 2002).* Hundebisse, die sich zu Hause ereigneten, waren Konsequenz eines missverständlichen Verhaltens von Hund und Kind. Einige dieser Unfälle hätten verhindert werden können, wenn Eltern und Kind über das Verhalten des Hundes gebildet gewesen wären *(De Keuster et al. 2006, Kahn et al. 2004).**

* Kathrin Roiner, Dissertation, Seite 21, Berlin, 2016

FALL BEISPIEL

Labbi und René

Bereits in unserem letzten Band aus der Serie »Hundeverhalten verstehen«, der sich mit Aggressionsverhalten beschäftigte, erzählten wir die Geschichte von Labbi und René. Labbi war ein drei Jahre alter Labradorrüde, René der 15 Monate alte Spross der Familie. Ansich ein gutes Team, die beiden. René hatte an Labbi laufen gelernt, Labbi leistete dem Kleinen gern Gesellschaft, wenn dieser im Laufstall oder Bettchen lag.
Mit zunehmender Mobilität des Kindes ergaben sich aber zunehmend Situationen, in denen die Eltern sich unsicher waren, ob sie richtig reagierten. René kannte (noch) keine Regeln. Er legte sich auf Labbis Decke, rührte mit im Futternapf herum und hielt sich auch gern mal an Labbis Ohren, Nase oder Rute fest. Hierzu wurde den Eltern anhand von gemachten Videosequenzen der Zusammenhang von Wettbewerb und Selbstschutz erklärt und die Bedeutung von zu lernenden Regeln auch und gerade für das Kind verdeutlicht. Besonders deutlich wurde mittels Filmaufnahmen in slow-motion für die Eltern, dass sie manches gar nicht mitbekommen und vieles einfach falsch interpretieren: René und Labbi waren im Garten, Labbi spielte mit einem Teddy, René buddelte im Sandkasten. Dann kam die Mutter dazu und forderte René auf, sich anzuschauen, was Labbi denn da habe, und es sich zu holen. Dass allein das bereits eine respektlose und nicht ungefährliche Anweisung der Mutter an das Kind ist, wurde

Kind und Hund – eine nicht immer unproblematische Kombi. Doch der Grund für Probleme liegt meistens nicht beim Vierbeiner.

natürlich nach Anschauen der Sequenz ausführlich erläutert! Spannender aber die Reaktion von Labbi: Er wollte weder Konflikt, noch »Streit«. Also ließ er Teddy Teddy sein, als René kam und nach dem Spielzeug griff. Seine körpersprachlichen Signale zeigten aber, dass er den Verlust durchaus bedauerte, es aber akzeptierte. Labbi ging. Die Mutter aber rief Labbi zurück, schließlich sollte er ja mit René »spielen«. Labbi trottete relativ unmotiviert zurück und die Mutter forderte René auf, den Teddy zu schmeißen. René tat dies und Labbi holte sich das Spielzeug zurück. Nun hieß es von der Mutter wieder zu René: »Hol Dir den Teddy!« René griff nach dem Teddy, Labbi nahm sich zurück und wollte ins Haus gehen, die Mutter schob ihn wieder ins Geschehen zurück auf die Terrasse. Labbi gähnte, leckte sich mehrere Male deutlich über Nase und Lefzen, schüttelte sich auffallend und setzte sich kratzend mit dem Rücken zum Geschehen ins Gras. Danach ließ er sich nicht mehr zum »Spiel« auffordern und bei erstbester Gelegenheit war er im Haus verschwunden und lag im hintersten Winkel versteckt.

Mit vielen Hundetypen hätte das Szenario eventuell und sehr viel früher ganz anders ausgesehen, doch selbst einem Gemütshund kann irgendwann die nicht vorhandene Hutschnur reißen.

Ab wann dürfen Kinder Hunde Gassi führen?

Übrigens: Kinder vor dem vollendeten 14. Lebensjahr dürfen schon aus rechtlichen Gründen niemals alleine mit einem Hund spazieren gehen. Macht ein Trainer Eltern darauf aufmerksam, erntet er in der Regel fassungslose bis unverständige und ungläubige bis unwissende Blicke. Hier macht die Straßenverkehrsordnung aber die entscheidende Aussage.

In § 28 STVO heißt es:

»(1) Haus- und Stalltiere, die den Verkehr gefährden können, sind von der Straße fernzuhalten. Sie sind dort nur zugelassen, wenn sie von **geeigneten Personen** begleitet sind, die ausreichend auf sie einwirken können. Es ist verboten, Tiere von Kraftfahrzeugen aus zu führen. Von Fahrrädern aus dürfen nur Hunde geführt werden.«

Entscheidend ist der Begriff der »Person«, denn juristisch definiert wird eine Person als ein Mensch **nach** vollendetem 14. Lebensjahr. Vorher gilt der Mensch als **Kind**.

Von Beruf Jugendlicher

Erziehung funktioniert auf verschiedene Art und Weise. Gerade der Hund, insbesondere die modernen Familienhunderassen, zeichnen sich - wie fast alle anderen Haustiere – durch eine sogenannte Neotenie, eine permanente Verjugendlichung, aus. Das bedeutet letztlich, dass Hunde als »Berufsjugendliche« eigentlich niemals vollständig erwachsen werden. Wir nutzen das gerne, wenn wir sie beispielsweise auch in höherem Alter noch leiten, ihnen neue Dinge beibringen, also ihr lebenslanges Lernen fordern und fördern. Zugleich bedeutet dies aber auch, dass eben selbst ältere Hunde nicht völlig aus der Pubertät herausgekommen sind. Das wiederum erleichtert uns den Umgang mit ihnen dann, wenn wir die Funktion eines souveränen und respektierten Leittieres übernehmen. Die aus dem Umstand aber auch folgende logischer Konsequenz: Auch ältere Hunde tragen ab und zu eben mal nach, ob denn das immer noch gilt, was man früher so vereinbart hat.

Dass das Zusammenleben mit einem pubertierenden Jugendlichen, sei es Mensch, sei es Hund, sei es anderes soziales Säugetier, bisweilen für alle Beteiligten nervenaufreibend ist, ist unbestritten. Untersuchungen in der menschlichen Jugendpsychiatrie und -psychologie, sowie an Labortieren, und Erfahrungsberichte von Hundehaltern zeigen jedoch, dass ein allzu gewaltbetontes, auf ständiges Kontrollieren, gar aggressives Zurechtweisen und Beschneiden der Individualsphäre des Jugendlichen ausgerichtetes Erziehungsverhalten überwiegend zu einem späteren emotional instabilen, oft sogar wutaggressiven Erwachsenen führt. Aufgrund der mangelnden Ausbildung von Kontrollfunktionen im Gehirn ist er gar nicht mehr in der Lage, seine Emotionen im Zaum zu halten.

Wir erinnern uns an das Fallbeispiel eines Hundes, der im Laufe seines ersten Lebensjahres wiederholt von verschiedenen, sehr autoritär-gewaltbetont auftretenden Trainern malträtiert wurde. Unter anderem landete er bei einem sogenannten »Hundeflüsterer«, dessen Flüstern überwiegend im Werfen von Wurfketten bestand. Als er dann im Alter von 1,5 Jahren zu einem vernünftigen Trainer mit fundiertem Hintergrund kam, war er so wutgesteuert unkontrolliert aggressiv, dass er nur von zwei gestandenen Männern an zwei Leinen zur Vorführung aus dem Auto geholt werden konnte. Als der Trainer in der Mittagspause eines Seminars herantrat, um ihn uns vorzustellen, tat er dies mit den Worten: »Am Friedhofsparkplatz ist Rabatz, der XY ist da!« Gemeint war damit, dass das Auto wackelte, sobald sich jemand auch nur auf 50 Meter näherte. Danach erfolgte dann die angesprochene Vorstellung mit zwei kräftigen Männern und zwei Leinen. Der genannte Trainer hat in der Folge 1,5 Jahre lang mit diesem Hund gearbeitet. Nach ca. einem Jahr lief der Trainer nicht mehr Gefahr, vom Hund gefressen zu werden. Nach einigen weiteren Monaten zeigte sich der Vierbeiner auch bereit, mit seinem Menschen zusammen die Vorschläge des Trainers zu realisieren. So wie dieser Hund vorher behandelt worden war, soll und darf Erziehung also nicht aussehen. Wer glaubt, mit solchen Methoden arbeiten zu müssen, bewegt sich auf jeden Fall auf der falschen Seite des Tierschutzgesetzes. Wenn er oder sie dann auch noch Begriffe wie Dominanz, artgerechte Erziehung oder womöglich Gewaltfreiheit in den Mund nimmt, dann ist das im günstigsten Falle Etikettenschwindel. Denn Gewalt, zumindest nach der bei uns gerade entwickelten Arbeitsdefinition (Hinte-Breindl & Gansloßer, in Vorb.), findet immer dann statt, wenn die Grundbedürfnisse des Hundes (hier Fernhalten von Angst und andauerndem Stress) verletzt werden.

Gerade der sogenannte A-Typ, der in der Verhaltensbiologie bisweilen auch als der subdominante Typ bezeichnet wird, neigt zur Diskussion. Subdominante Typen fragen eben öfter, ob die Vereinbarungen noch gelten. Wäre das ja nicht mehr der Fall, so könnte man (Hund) den Handlungsspielraum leicht erweitern, ein früheres Verbot aufweichen oder vielleicht sogar abschaffen.
Ein A-Typ in der Pubertät aber fragt nicht nur ab und zu, sondern eigentlich permanent. Das hat weder etwas mit Aufmüpfigkeit oder mit Dominanzverhalten zu tun, noch mit Boshaftigkeit. Er ist eben so! Und gerade in der Pubertät kommt es darauf an, dass man auch die Regeln, Normen und Grenzen der jeweiligen Gruppe kennenlernt, in der man dann später weiterleben soll – und möchte.
Der zurückhaltende, bedächtige Bedenkenträger, der dementsprechend als der B-Typ oder in der früheren verhaltensbiologischen Terminologie als submissiver Typ bezeichnet wurde, fragt ein- oder zweimal und hält sich dann an die vorgegebenen Regeln. Ob er das ohne innere Verstimmung oder ohne einen stärkeren Ausstoß des passiven Stresshormons Cortisol tun kann, können dann nur Kenner des hundlichen Ausdrucksverhaltens oder Hormonmessungen belegen.
Der introvertierte B-Typ lebt eben nach dem Franz Lehár Prinzip:
»Immer nur lächeln und immer vergnügt,
Immer zufrieden, wie's immer sich fügt.
Lächeln trotz Weh und tausend Schmerzen,
Doch wie's da drin aussieht, geht niemand etwas an.«

Zufrieden oder gar glücklich muss er also mit dieser Position längst nicht sein. Die innere Anpassung, die innere Verstellung eigener Vorstellungen zur besseren Einpassung in eine gesellschaftliche Notwendigkeit oder eine Gruppenstruktur, ist zwar ein Stück weit wichtige Voraussetzung für ein geregeltes und funktionierendes Zusammenleben. Diese innere Sollwertverstellung, der Verzicht auf eigene Ansprüche im Interesse eines geregelten und funktionierenden Zusammenlebens, darf aber nicht übertrieben werden. Sonst macht es krank, wie nicht zuletzt ein Blick auf die Heiligenbilder in vielen Kirchen zeigt. Dass diese immer so krank aussehen, liegt eben daran, dass man nicht gleichzeitig gesund und heilig, also gesund sein und auf alle eigenen Interessen und Ansprüche verzichten kann. Jedenfalls die meisten von uns nicht. Und offensichtlich schaffen das auch die meisten der Heiligen nicht ...

Pubertierende Hunde wachsen einem manchmal regelrecht über den Kopf – auch im wahrsten Sinne des Wortes.

Natürlich darf ein Hund auch einmal »gewinnen«! Oder schätzen Sie Spiele, bei denen Sie grundsätzlich nur als Verlierer das Feld verlassen?

Das feinfühlige Erkennen dessen, wo beim Hund also der nicht mehr ohne gesundheitliche oder psychische Schäden tolerierbare Grenzbereich einer für ihn noch möglichen Anpassung überschritten ist, muss wiederum der Hundehalter für den einzelnen Hund in seiner Situation selbst erkennen bzw. zu erkennen lernen. Wenn er es nicht selber schafft, sollte er dazu kompetente Hilfe heranholen. Aber bitte nicht von der bereits mehrfach erwähnten Kontrolletti-Fraktion oder von der Gilde der Wattebausch werfenden Sonnenblumenschwenker, die bereits jede noch so geringfügige Aufregung als Stress betrachten und vermeiden wollen.

Reizwort Strafe

Wer sich mit Erziehung beschäftigt und diese zielführend verfolgt, muss sich auch Gedanken darum machen, wie einem Fehlverhalten begegnet werden kann und muss. Es ist eine Illusion, dass man ein Lebewesen so anleiten kann, dass es niemals eine Situation gäbe, in welcher ein klarer Abbruch, auch eine als Strafe ansehbare Konsequenz auf ein Verhalten erfolgen muss. Dabei ist aber der Begriff der Strafe in der »modernen« Hundeerziehung verpönt. Aber geht es nicht vielmehr um die jeweilige, auch individuell zu sehende Interpretation von Strafe? Würden wir statt von Loben und Strafen zum Beispiel von Be-/Verstärken und Korrektur sprechen, würden die negativen Assoziationen, die mit dem Begriff Strafe verknüpft zu sein scheinen, nicht zum Tragen kommen.

Sowohl verhaltensökologisch als auch in der Begriffsdefinition der Lerntheorie hat der Begriff Strafe überhaupt nichts Negatives. Strafe bedeutet lediglich, dass aufgrund eines vorherigen Verhaltens eine negative Konsequenz erfolgt. Mit moralischer Überlegenheit oder gar Verachtung hat das nichts zu tun. Und ranghöhere Individuen in Gruppen von Säugetieren oder Vögeln setzen diese Strafreize sehr wohl gezielt ein, bisweilen auch im Sinne einer Konditionierung. Auch ein Drohverhalten kann also durchaus in diesem Rahmen interpretiert werden: Der Ranghohe droht eine unangenehme Konsequenz an, der Rangtiefere bekommt dadurch eventuell ein leichtes »Fracksausen«, löst aber das Problem, indem er sich entweder zurückzieht oder das unerwünschte Verhalten unterlässt. Wenn jetzt der Ranghohe anschließend über das Versöhnungsverhalten die neue, positiv emotionale Reaktion bei seinem zurechtgewiesenen Untergebenen auslöst, hat er sozusagen lerntheoretisch das Optimum erreicht: Zunächst ein milder Stressor, der andere ins Grübeln bringt. Dann eine Belohnung für das richtige Ergebnisses dieses Grübelvorganges, nämlich des sich Zurücknehmens.

Und Korrekturen erfolgen bei frei lebenden Wildtieren durchaus auch mit Hilfe von leichter körperlicher Einwirkung und durch Blocken, obwohl einige Prüfungsvorgaben für Hundetrainer bereits dies vehement ablehnen!

»Die erwachsenen Tiere dirigieren gar nicht selten die Welpen durch weisende Kopfbewegungen, bisweilen stupsen sie die Kleinen auch mit der

Klare körpersprachliche Signale kommentieren und korrigieren.

Nase in die gewünschte Richtung. Einmal beobachtete ich einen Welpen, der abgesondert von den andern am Wasserlauf unterhalb der Höhle spielte, als Mid-Back gelaufen kam, mit der Schnauze das Junge schubste und das widerspenstige Kleinkind schließlich auf diese Weise zwanzig Meter weit den Hang hinauf bugsierte.«*

* David Mech, Der weiße Wolf, S. 54

Das Stichwort der »klaren Ansagen« muss jedoch eindeutig relativiert werden. Es geht nicht um Maßnahmen der körperlichen Bestrafung oder um andere, gegen die Interessen des Hundes gerichtete, gewaltbereite Maßnahmen. Gewalt, so eine in unserer Arbeitsgruppe derzeit entwickelte und bereits angesprochene Arbeitsdefinition (Hinte-Breindl) tritt dann auf, wenn ein Mensch durch sein Handeln oder Unterlassen, für welches er die Verantwortung trägt, die Grundbedürfnisse des Hundes verletzt. Und zu den Grundbedürfnissen gehören eben nicht nur Futter, Wasser und körperliche Unversehrtheit, sondern auch soziale Kontakte. Es ist also nicht nur Gewalt, den Hund bei Übertretungen der aufgestellten Regeln körperlich zu maßregeln oder mit tage- bis wochenlangem Futterentzug bestrafen zu wollen (jawohl, das gibt es!). Auch manche, angeblich gewaltfreien Methoden, bei welchen ein permanentes Wegschicken und Ignorieren, ein aus der soialen Gemeinschaft Ausgrenzen an der Tagesordnung sind, zählen dazu. Wer zu solchen Maßnahmen in der Erziehung greifen muss, sollte sich erst einmal selbst hinterfragen. Ist er oder sie überhaupt souverän genug, um einem hochsozialen und intelligenten Lebewesen wie dem Hund als Leittier zu dienen, oder sollte er/sie ein einfacheres und sozial weniger komplexes Haustier haben?

Und, wie mehrfach bereits betont, ist überhaupt die aufgestellte Regel wichtig und es wert, dieses feine und so wichtige Beziehungsgefüge zu seinem Hund zu belasten?
Damit landen wir letztlich wieder bei dem im ersten Kapitel besprochenen Kosten-Nutzen-Prinzip. Wer eine Regel aufstellt und einfordert, sollte sich vorher überlegen, ob sie es wert ist. Wer die Regel einfordern muss, oder dies zu tun müssen glaubt, sollte sich überlegen, was dieses Tun mit der Beziehung zu seinem Hund anstellt. Und er oder sie sollten versuchen, anschließend die eventuell belastete oder beschädigte Beziehung wieder zu reparieren.

Wann Dominanzbeziehungen beginnen

Die Ausbildung von Dominanzbeziehungen beginnt, wie verschiedene Untersuchungen an Hundewelpen unterschiedlicher Rassen gezeigt haben, unter den Mitgliedern des Geschwisterwurfs ca. in der 11. bis 12. Woche. Zwar werden bereits in der 5. bis 6. Woche erstmals erste Ansätze einer Dominanzbeziehung beschrieben, bei genauerem Hinsehen handelt es sich dabei aber eher um die bereits besprochenen Persönlichkeitsdifferenzierungen: Der vorwärts motivierte, neugierig-naseweise A-Typ, und der zurückhaltende, sich eher an dem Rand des Geschehens haltende B-Typ. Wenn ein naseweiser A-Typ auf seine Geschwister zugeht und diese eventuell von ihm überrumpelt sind und sich zurückziehen, sieht das leicht wie Dominanz aus, ist aber nicht notwendigerweise eine solche

Erst recht sollte man mit dem Dominanzbegriff eben vorsichtig sein, wenn es um das Verhalten von Jüngeren oder gar Welpen zu Älteren oder gar Menschen geht. Wie wir bereits gelernt haben, besteht Dominanz darin, in einer Konfliktsituation seine eigenen Interessen durchsetzen zu können. Gerade im Bereich der Entwöhnung, des allgemeinen pubertären Erziehungsprogramms und anderer, für Jungtiere wichtiger Situationen, ist die Dominanz also kein Wettbewerb um späteres Rangbestreben. Sie liefert vielmehr eine Struktur, die den Erfahreneren und damit auch Lehrberechtigten, gegenüber dem Unerfahreneren und hoffentlich Lernwilligen hervorheben kann.

Brüderchen und Schwesterchen

Neuere Untersuchungen zeigen, dass auch im Umgang zwischen Mensch und Hund Erziehungsstile ähnlich denen von Menschen zu ihren Kindern nicht unüblich sind. Und der bereits angesprochene autoritative Erziehungsstil, der eben nur wenige Normen aufstellt, diese dann aber auch konsequent einfordert, bewirkt, wie verschiedene Untersuchungen des Verhaltens von Mensch-Hund-Teams erkennen lassen, sowohl die größte Stressresistenz des betreffenden Hundes, als auch die geringste Anzahl von unerwünschtem oder problematischem Verhalten und ein insgesamt in sich ruhendes Mensch-Hund-Team.

Dominanz und Alter

Auch am anderen Ende der Lebensspanne gibt es nochmals interessante Phänomene der Dominanz zu beobachten. Viele Senioren, die vorher ranghoch waren, treten mehr oder weniger freiwillig von dieser ranghohen Position zurück. Sie übernehmen die Rolle eines geschätzten Beraters, der nur noch in schwierigen oder Krisensituationen seine Erfahrungen einbringt. Dass viele Menschen dem Senior Sturheit unterstellen, ist ohnehin meist eine Fehlinterpretation seiner Veränderungen im Verhalten. Die nachlassende Leistungsfähigkeit von Sinnesorganen und

Häufig genießen Senioren Narrenfreiheit und dürfen sich viel erlauben, was früher zu Diskussionen geführt hätte.

Gehirnregionen führt nun einmal dazu, dass der ältere Hund oftmals den Überblick über die Situation nicht mehr vollständig behält, bisweilen sogar orientierungslos werden kann. Wenn er dann ein Kommando des Menschen nicht befolgt, hat das absolut nichts mit Dominanz, noch nicht einmal mit Sturheit zu tun.

Im innerartlichen Zusammenhang sieht man, wie Hundesenioren sich oftmals präsentieren. Sie treten, wie bereits erwähnt, freiwillig von der ranghohen Position zurück, werden aber von der Gruppe nicht nur geschont, sondern oft sogar bis an ihr Lebensende versorgt, betreut und insgesamt eben als gern gesehene Mitglieder der sozialen Gemeinschaft behalten. Erfahrungsberichte von Mehrhundehaltungen und aus der Wolfsforschung zeigen auch, dass fast nur die despotischen, unbeliebten und autoritär agierenden Ranghohen später im Alter Probleme haben oder sogar aus der Gruppe verdrängt oder in Auseinandersetzungen schwer verletzt werden.

Da auch Hundesenioren vergesslich werden, sollte der Mensch in dieser Lebensphase auch eben toleranter werden und sich dann eben auch nicht so leicht auf den Schlips getreten fühlen, wenn der Hund mal »über die Grenzen schlägt«. Selbstverständlich sind gerade für Senioren geregelte Strukturen des Alltagsablaufs enorm wichtig, aber diese sollten eben in einer noch wohlwollenderen und noch entgegenkommenderen Art erfolgen.

Man kann sich im Umgang mit dem Haushund nicht immer und ständig auf das Wolfsmodell berufen. Haushunde sind keine verdummten oder zivilisationsgeschädigten Couch-Wölfe. Sie sind Angehörige einer eigenen zoologischen Form (ob man sie schon als Art bezeichnet, überlassen wir den Systematikern), die an das Leben bei und mit den Menschen als ihrer natürlichen ökologischen Nische angepasst sind. »Hunde können schon enge Verwandte des Wolfes sein, das heißt jedoch nicht, dass sie sich wie Wölfe verhalten. Menschen sind enge Verwandte des Schimpansen, das macht uns aber nicht zu einer Unterart der Schimpansen und heißt auch nicht, dass wir uns wie Schimpansen verhalten.«*

Bisweilen tragen Hunde durchaus noch Züge des allgemeinen Kanidenerbes in sich. Und zu diesem allgemeinen Kanidenerbe gehört ein verständnisvoller, respektvoller, aber durchaus konsequenter Umgang mit dem Dominanz- und Rangordnungskonzept ebenso wie die Toleranz gegenüber situativ »aufmüpfigen« Rangtieferen, die eben auch ihr Interesse daran haben müssen, in der Gruppe zu verbleiben. Die typisch deutsche Chefmentalität »Nicht geschimpft ist gelobt genug« mag für unsere Affengesellschaft funktionieren (wenngleich Betriebspsychologen auch da anderer Meinung sind), aber in einer Kanidengesellschaft funktioniert es eben so nicht. Das Beispiel der berühmten Schimpansenforscherin Jane Goodall, deren einer ihrer Schimpansenmänner durch das laute Trommeln und Werfen von leeren Blechkanistern innerhalb kürzester Zeit zum ranghöchsten aufstieg, signalisiert den Unterschied.

* Coppinger, »Hunde«, 2003, S. 22

Eine Gruppe afrikanischer Wildhunde.

Wie bereits in Kapitel zwei dargelegt, sind dreibeinige und schwanzlose Leittiere selbst in den harten Lebensbedingungen der afrikanischen Savannen bei den Wildhunden möglich und erfolgreich. Blechkanister werfende Affen finden wir zuhauf in unseren Betrieben, leider auch Familien und Vereinen. Das früher häufig geäußerte, als Leitlinie für einen rigoros egoistischen Lebensstil gedachte lateinische Sprichwort »homo homini lupus« (Der Mensch sei dem Menschen ein Wolf), ist also, wenn man das richtige Verständnis der Kanidengesellschaft zugrunde legt, gar nicht so falsch. Wölfe sind eben keine Wattebausch werfenden Sonnenblumenschwenker. Und auch souveräne Leithunde wissen genau, wie sie sich im Zweifelsfalle durchsetzen, wenn dies nötig ist. Sie fühlen sich aber nicht ständig auf den Schlips getreten – nicht nur, weil sie keinen tragen. Und diese großzügige Souveränität könnte sich der Mensch von ihnen abschauen. Ob er dann einen Schlips dazu trägt oder nicht, dürfte weitgehend unwichtig sein.

5. VON MYTHEN UND LEGENDEN RUND UM BINDUNG UND DOMINANZ

Die vorangegangenen Seiten haben bereits deutlich gemacht, dass der Bindungs-, besonders aber der Dominanzbegriff, regelrecht umwuchert ist von Mythengeranke und Phrasengestrüpp. Gerade in Bezug auf Dominanz erfolgen unqualifizierte (und faktisch eben auch völlig unzutreffende Gleichsetzungen oder Korrelationen) von Dominanz mit u.a.

- Aggression (mit Kampfesmut und -wille!)
- Willensstärke (weswegen Hunden/Hundetypen, die landläufig als »stur« betitelt werden, das Dominanzstreben oft pauschal mit in den Typ gelegt wird)
- Beharrlichkeit (»Was er will, das will er! Nur weil der Hund so dominant ist, verhält er sich so trotzig.«, hören Hundetrainer auch nicht selten.)
- Eigenbrötlertum (»Der ist so dominant, mit dem will keiner was zu tun haben«)
- Asozialität (»Der ist so dominant, dass er ständig nur Streit anfängt!«)
- Diktatur/Diktator (»Der nimmt sich, was er will, zur Not mit Gewalt.«)

Dominanz wird gern als Synonym für Erziehungsdefizit, mangelndes Benehmen und Verhaltensproblem genutzt. Mit ihr erklärt sich einfach alles!

Ein bisschen verhält es sich in den Augen der Menschen mit der Dominanz wie mit dem Alter: Alle wollen alt werden, niemand mag alt sein. Alle Hundebesitzer möchten den durchsetzungsstarken, unerschrockenen, Hoppla-hier-komm-Ich, verhaltensbiologischen A-Typ-Hund und bloß keinen »Looser«. Wenn sich aber aufgrund ebensolcher Eigenschaften der Hund als keck und diskussionsfreudig erweist, ist er gefährlich dominant, muss unbedingt gedeckelt werden, um »auf den Boden der Tatsachen« zu kommen. Eilig

Man muss sich wundern, dass bei so viel menschlichem Unwissen nicht mehr Hunde psychisch und physisch abwandern! Vielleicht täten sie es – wenn sie könnten ...

werden konfus Strategien entwickelt und vermeintlich zwangsläufig helfende Regeln aufgestellt. Natürlich ist auch der Termin zur Kastration bereits mit dem Tierarzt abgesprochen, der diese Maßnahme selber bereits beim letzten Impftermin dringend empfohlen hat. Denn dann wird alles besser. Leider glauben auch 2018 daran noch verdächtig viele Hundebesitzer ...

Populäre Irrtümer und verselbstständigte Binsenweisheiten füllen ganze Bücher, was z.B. Petra Führmann (»Was liest der Hund am Laternenpfahl«) und Thomas Riepe (»Da muss er durch!«) humorvoll informierend damit getan haben. Und ganze Internetforen leben von mehr oder (eher!) weniger stimmigen, zumeist hochemotional und dogmatisch geführten Diskussionen rund um die ein oder andere Grundsatzdebatte.

Etwas makaber (bis gefährlich) wird es allerdings dann, wenn die gemäß §11 TierSchG notwendige Erlaubnis zur gewerblichen Ausbildung von Hunden, also die Voraussetzung zum Eröffnen und Führen einer Hundeschule, eine Prüfung oder Zertifizierung vorausschickt, deren Prüfungslektüre

teilweise im Widerspruch zu aktuellen wissenschaftlichen Erkenntnissen steht – und manch einen der vorausgehenden Ratschläge bis heute propagiert! Hier sollte doch unbedingt etwas nachgebessert werden.

Auch wir haben zum Schluss etwas gesammelt, natürlich ohne Anspruch auf Vollständigkeit. Nachfolgend einige Thesen, die auch Sie, lieber Leser, so oder so ähnlich sicherlich bereits gehört haben. In den Kapiteln 1 bis 4 wurde Ihnen bereits ein breiter Besen in die Hand gegeben, um diese Phrasen wegzufegen und Ihr Haus des Wissens davon zu säubern. Zur weiteren Erinnerung und quasi als »Summary« sind die wesentlichen Aspekte aber noch einmal mit aufgeführt. Die Auflistung ist nicht wertend von A bis Z zu sehen, sondern stellt eine lose Gedankensammlung dar.

Alle Hunde vertragen sich. Wenn nicht, sind sie verhaltensgestört!

Natürlich ist eine solche Pauschalaussage allein aufgrund der Pauschalität bereits völlig unsinnig und absurd. Bei Hunden gibt es ebenso Sympathien und Abneigungen wie bei Menschen auch. Außerdem sind Begegnungen stets geprägt vom Sender-Empfänger-System. Was wird gesendet, was wird empfangen, wie wird reagiert? Wie verläuft die Kommunikation zwischen den Beteiligten, und welche kommunikativen Fähigkeiten besitzen sie überhaupt? Erfahrungen, Erlebnisse, Fähigkeiten, körperliche und mentale Gesundheit, Anleitungs- und Erziehungsresultate u.v.m. beeinflussen Hundebegegnungen. Und dann gibt es da auch noch immer Murphys Gesetz!

Hunde regeln alles unter sich

Die vorrangige Frage ist, WAS sollen sie denn regeln? Selbstverständlich kann, darf und soll man nicht jede Situation den Hunden unter sich überlassen und selbstverständlich ist das in dieser Pauschalität auch gar nicht möglich! Wie soll sich ein Chihuahua allein körperlich gesehen mit einem Neufundländer auseinandersetzen? Wir haben bereits die Wichtigkeit des emotionalen Bindungspartners angesprochen (siehe Seite 25). In einer Problemsituation sollte er zur Stelle sein und sich als sicherer Hafen erweisen. Schutz in bedrohlichen Situationen zu erfahren bzw. zu gewähren, ist ein Kriterium, um Bindung aufzubauen. Natürlich sind hier die Situationen gemeint, denen der Hund psychisch oder physisch nicht gewachsen ist und seinen Menschen als »Kapitän« benötigt (siehe Seite 34). Die Rede ist nicht von Pöbeleien aufgrund von schlechter Sozialisation oder Erziehungsdefiziten.

Das Reich der Mythen und Legenden ist grenzenlos.

Manche Menschen halten sich besser einen Stoffhund!

Das Verfüttern von rohem Fleisch führt zu erhöhtem Statusstreben beim Hund!

Zweifelsohne kann es die ein oder anderen Zusammenhänge zwischen Fütterung und Verhalten geben. In den Bereich der Mythen muss man aber sicherlich die Aussage schieben, dass durch den Verzehr von rohem Fleisch der »Genießer« automatisch zum »Leader of the Pack« mutiert. Wieder zeugen solche Aussprüche von falschverstandenen Kausalitäten: Das rohe Fleisch wird zum Synonym für blutrünstigen Kampfesmut, der natürlich nur mit dem unbezwingbaren Outlaw in Verbindung stehen kann. Und solch Outlaw wird dann – unberechtigterweise! – wieder als dominante Führungspersönlichkeit interpretiert. Ebenso falsch ist es, den Verzehr von rohem Fleisch als Auslöser von Jagdverhalten zu sehen!

Man darf nie auf Kontaktaufnahmen oder Spielaufforderungen des Hundes eingehen.

Aber haben wir nicht unter anderem gerade dazu Hunde? Um mit ihnen in Kontakt zu treten, Kontakt zu halten und Kontakt zu pflegen. Mit ihnen zu spielen, uns mit ihnen zu beschäftigen, die gemeinsame Zeit zu genießen. Das Streicheln eines Hundes baut Stresshormone im menschlichen Körper ab, die Beschäftigung mit ihm setzt Endorphine (Glückshormone) und das auch bereits mehrfach angesprochene Oxytocin frei. Natürlich nur dann, wenn man einem Hund positiv gegenüber steht und nicht von ihm in Angst und Schrecken versetzt wird.

Ein Hund darf nicht allzu lange Zeit in der Nähe seines Menschen sein, am besten nicht mit in der Wohnung leben, denn dann sieht er, dass der Mensch Fehler macht, und verliert Respekt und Achtung vor ihm!

Hunde haben eine bedeutend höhere Toleranz menschlichen Fehlern gegenüber als andersherum!

Bei unseren eingeschränkten Sinnesleistungen hätte der Hund Grund genug, sein vermeintliches »Leittier« etwas milde zu belächeln (was er ja gelegentlich vielleicht auch tut?!). Wer solchen Blödsinn auch nur ansatzweise ins Kalkül zieht, der sollte sich eh besser einen Stoffhund in die Sofaecke setzen – zum allgemeinen Wohl der lebenden Varianten!

Bloß keine Zerrspiele mit dem Hund! Und wenn doch, nie den Hund gewinnen lassen!

Manche Hunde mögen Zerrspiele, andere können ihnen nichts abgewinnen. Für diejenigen, denen das Rangeln um ein Spieltau oder sonstiges Spielzeug Spaß macht, stellt es durchaus eine lustige Beschäftigung dar. Früher wurde das Zerrspiel gern mit Rangdemonstration in einen Topf geworfen. Heute sollte man aufgrund der wesentlich verbesserten Informationslage rund um Hundeverhalten klüger mit solchen Aussprüchen umgehen. Selbst Welpen untereinander fordern sich zu Zerrspielen auf. Und es ist durchaus im Sinne des Spieles und der eigenen Motivation, dass man nicht nur verlieren muss, sondern auch mal gewinnen kann.

Man bedenke die Geschichte von Tante Gaia und den Welpen (Seite 89). Auch hier wurde besonderer Einfallsreichtum der Welpen belohnt und ließ die Kleinen als Sieger hervorgehen. Würden Sie noch irgendein Gesellschaftsspiel spielen, wenn der Mitspieler von vornherein sagt oder deutlich macht, dass Sie niemals gewinnen werden und eigentlich nur der Sparringpartner sind? (Eine Fülle wissenswerter Informationen rund um das Thema Spiel finden sich im Buch »Auszeit auf Augenhöhe«, Käufer und Gansloßer, 2017.)

Sollte von Zerrspielen aufgrund ungünstiger Mensch-Hund-Beziehungsverhältnisse abgeraten werden, so liegt das nicht am Zerrspiel, sondern an den Beziehungsproblemen, die sich im alltäglichen Umgang miteinander nachteilig auswirken und bearbeitet werden müssen. Kompetent geführtes Einzeltraining mit Teamanalyse ist anzuraten!

Dein Hund darf Dich aber doch nicht anknurren!

An verschiedensten Stellen haben wir ausgeführt, dass ein Hund sehr wohl auch mal Widerworte geben kann (und darf!). Gerade in der Pubertät, aber auch noch mal im Seniorenalter, können solche Widerworte vorkommen. Letztlich sind solche kommunikativen Signale immer im Kontext zu sehen und zu beurteilen. Die Frage nach dem »Warum« ist elementar wichtig, um die eigene Reaktion angepasst und im Zusammenhang hundverständlich vorbringen zu können. Knurren ist ein Drohsignal, das im kommunikativen Zweck der Eskalation vorbeugen kann und wichtig ist. Hunden das Knurren zu verbieten, womöglich abzutrainieren, wie manche Erziehungsstile es tun, kann gefährliche Folgen haben.

In der Folge wird eventuell dieser Schritt der Eskalationsleiter zukünftig übersprungen – und sofort zugebissen. Das kann niemand ernsthaft wollen.

Einem Hund gelegentlich situativ nachzugeben, z.B. seinen Anspruch auf ein Spielzeug oder Kauleckerchen anzuerkennen, wie es auch häufig im Spiel von Spielknurren begleitet wird, oder seinen Rückzug ins Körbchen zu akzeptieren, wenn er sich (ver-)unsicher(t) oder erschöpft fühlt, bedeutet nicht gleichzeitig, die eigene formale Dominanz zu verlieren. Voraussetzung ist natürlich, dass diese formale Dominanz besteht, der Mensch sich seiner »Leadership-Position« würdig erweist und diese auch mit Souveränität und Verständnis ausfüllt.

Sollte das Knurren aufgrund ungünstiger Mensch-Hund-Beziehungsverhältnisse auftreten, so liegt das an den Beziehungsproblemen, die sich im alltäglichen Umgang miteinander nachteilig auswirken und bearbeitet werden müssen. Kompetent geführtes Einzeltraining mit Teamanalyse ist anzuraten!

Lass' Deinen Hund niemals auf die Couch, das Sofa, den Sessel oder womöglich ins Bett, denn dadurch machst Du Dich klein und ihn zum Chef!

Wer eine erhöhte Liegeposition beansprucht, der strebt gleichzeitig nach der Anführerschaft. So die sich hartnäckig haltende, landläufige Meinung. Dass es vielen Hunden eher auf Komfort und Gemütlichkeit ankommt, womöglich noch in Kombination mit engem Ankuscheln an den Menschen oder auch an andere Hunde des gleichen Haushalts, das erleben in der Realität die Hundebesitzer im Alltag! Wir wiesen bereits auf die Untersuchungsergebnisse Bonannis hin, wonach der Anführer einer Gruppe eine größere Toleranz in Bezug auf geringe Individualdistanz hat. Ihm ist es oft schlicht egal, wie nahe sich seine Gruppenmitglieder zu ihm befinden, vielleicht genießt er es sogar (wir Hundebesitzer tun dies in der Regel!).

Mögen Sie mit Ihrem Hund gemeinsam »Tatort« schauen und auf dem Sofa kuschelnd rumlümmeln? Dann genießen Sie es halt, es ist Ihr Sofa und Ihre Wohnung. Möchten Sie es nicht, dann tabuisieren Sie es für Ihren Hund. Es obliegt Ihrer Entscheidung.

Doch immer wieder wird das Liegen auf erhöhter Position mit vermehrter Aggressionsbereitschaft und Machtstreben in Zusammenhang gebracht. Thomas Bauman schreibt in seinem Juni-Newsletter 2018 (https://www.dogworld.de/News/) deshalb aufklärend: »Sogenannte Rangordnungsprobleme werden zudem nicht im Bett `geboren', sondern im täglichen kommunikativen Umgang mit dem Hund. Gedanken an eine Steigerung von Aggressionsverhalten durch das Schlafen im Schlafzimmer sind grundsätzlich als absurd zu bezeichnen. Die Ursachen sind hier ganz wo anders zu suchen. (...) In der Verhaltenstherapie wird immer wieder erkennbar, dass sozial schwache bzw. unsichere Vierbeiner durch das `verordnete' Schlafen in unmittelbarer Nähe ihres Menschen zu mehr emotionaler Stabilität gelangen. Hunde fühlen sich vor allem zur Nachtzeit in der Nähe ihrer Menschen ganz einfach sicherer und wohler.« Hunden diese Sicherheit durch Nähe zu verweigern, kann sich durchaus belastend auf die Mensch-Hund-Beziehung auswirken. Soll der Hund aus hygienischen oder sonstigen Gründen nicht mit ins Schlafzimmer, so sollte er zumindest in der Nähe seinen nächtlichen Schlafplatz haben dürfen. Und das besonders, solange der Hund noch jung und die gemeinsame Beziehung noch frisch und im Aufbau ist!

Sollte Ihr Hund aber selbstbestimmt auf dem Sofa oder Bett liegen und ein »Runter« von Ihnen nicht akzeptieren, womöglich knurren oder nach Ihnen schnappen, so weist das auf ungünstige Mensch-Hund-Beziehungsverhältnisse und Beziehungsprobleme hin, die sich im alltäglichen Umgang miteinander nachteilig auswirken und bearbeitet werden müssen. Kompetent geführtes Einzeltraining mit Teamanalyse ist anzuraten!

Das Schlafen in der Nähe des Menschen
vermittelt Schutz und Sicherheit.

Der »Alpha« bestraft mittels Alphawurf und Nackenschüttler.

Gerade der Nackenschüttler wird (erschreckender Weise!) noch immer im Umgang mit Welpen als »normale« und »hundgerechte« Korrekturmaßnahme praktiziert, häufig mit dem Argument, Mutterhündinnen täten es auch so. Packen und Schütteln gehören zum Jagdverhalten. Beute wird gepackt und totgeschüttelt. Es kann doch nun aber niemand ernsthaft glauben, dass Mutterhündinnen ihre Welpen töten oder diese einer Todesangst aussetzen wollen?!
Und wer seinem ausgewachsenen Rottweiler oder Ü-60-kg-Leonberger durch »Alphawurf« irgendetwas deutlich machen möchte, der muss sich schon sehr anstrengend. Mit Status, Rang, Dominanz oder Korrektur hat das auf jeden Fall nichts zu tun. Aber vielleicht reicht es ja zur Aufnahme in die Top 1000 der Funny-Clips bei YouTube, wenn man sich dabei filmen lässt?!

Der Hund hat aufzustehen und Platz zu machen, wenn er dem Menschen im Weg liegt.

In den meisten Fällen ist es sicherlich viel einfacher und schneller, einfach einen Schlenker um den Hund herum zu machen oder, wenn der Hund sich nicht erschreckt und ruhig liegen bleibt, einfach darüber hinwegzusteigen. Hat man die Hände voll und der Hund neigt zum hektischen Aufspringen, ist letztere Variante natürlich etwas riskant. Die meisten Hunde legen sich nicht bewusst und absichtlich mitten in den Weg, auch wenn es manchmal so erscheint. Schläft er dann auch noch tief und fest, so gibt es erst recht keinen Grund, ihn zu wecken, auf- und wegzuscheuchen, nur um damit irgendwelche (Pseudo-!) Statussymbole abzugeben.

Sollte Ihr Hund aber häufiger zielgerichtet Ihren Weg blockieren, Sie abgrenzen und Ihren Bewegungsradius kontrollieren, womöglich knurren oder nach Ihnen schnappen, wenn Sie sich gegen die Begrenzung wehren, so weist das auf ungünstige Mensch-Hund-Beziehungsverhältnisse und Beziehungsprobleme hin, die sich im alltäglichen Umgang miteinander nachteilig auswirken und bearbeitet werden müssen. Kompetent geführtes Einzeltraining mit Teamanalyse ist anzuraten!

Wenn der Hund seinen Kopf auf Dein Knie oder Deinen Fuß legt, will er Dich dominieren.

Die meisten Hunde tun dies aus einem sehr eigennützigen Grund: Sie haben gelernt, dass dieses Verhalten positive Gefühle beim Gegenüber auslöst und Streicheleinheiten zu erzielen sind. Durch filmreife Augenaufschläge lassen sich manchmal sogar zusätzlich Leckerbissen herausschlagen.

Sollte Ihr Hund aber häufiger zielgerichtet Ihren Weg blockieren, Sie abgrenzen und Ihren Bewegungsradius kontrollieren, womöglich knurren oder nach Ihnen schnappen, wenn Sie sich gegen

die Begrenzung wehren, so weist das auf ungünstige Mensch-Hund-Beziehungsverhältnisse und Beziehungsprobleme hin, die sich im alltäglichen Umgang miteinander nachteilig auswirken und bearbeitet werden müssen. Kompetent geführtes Einzeltraining mit Teamanalyse ist anzuraten!

Welpen haben Welpenschutz.

Eine der sich am hartnäckigsten haltenden Fehlannahmen! Welpen genießen nur in der **eigenen** sozialen Gruppe Schutz. Leider werden noch immer häufig Welpen gebissen, weil ihre Halter nicht beachten, dass fremde Hunde, auch und gerade Hündinnen (!), fremde Welpen attackieren können, und das gegebenenfalls auch sehr massiv. Fremdes Genmaterial steht in natürlicher Konkurrenz zu eigenem, selbst wenn dieses eigene Genmaterial (in Form eigener Welpen) zur Zeit gar nicht vorhanden ist. Verhaltensweisen können deshalb gerade bei Hündinnen auch je nach Zyklusstadium variieren. Es gibt keine pauschale Anerkennung eines schützenswerten Kinderstatus' und keine »normale« Sympathiebeziehung zwischen Welpen und älteren Hunden.

Das Einnehmen strategisch günstiger Plätze im Haus (z.B. Treppenabsätze und Eingangsbereich) ist dem Hund zu verwehren, da er sonst daraus seinen dominanten Status ableitet.

Ob ein Hund im Eingangsbereich liegen will und darf, ist im Einzelfall zu beurteilen. Es gibt durchaus Hundetypen, die bevorzugt bestimmte Plätze im Haus aufsuchen, um typgebundene Verhaltensweisen auszuleben. Hierzu können Herdenschutzhunde, aber auch sonstige Wach- und Gebrauchshunderassen zählen. Doch geht es hierbei um territoriales Gebaren, nicht um Dominanzverhalten.

Gerade bei pubertierenden Hunden kann es in der Tat sinnvoll sein, diesen gewisse strategische Aufenthaltsorte zu verwehren, um sie nicht in die Situation zu bringen, sich beauftragt zu fühlen mit Missionen, denen sie nicht gewachsen sind. Das gehört wieder zu dem Bereich des vorausschauenden Handels eines Erziehungsberechtigten – und -befähigten. Sie überlassen Ihrem Grundschulkind vermutlich auch nicht die Entscheidung an der Haustüre, welche Fremdperson eintreten und sich bei Ihnen in der Wohnung breit machen darf und wer nicht. Oder?

Sollte Ihr Hund aber häufiger zielgerichtet strategisch günstige Plätze im Haus/in der Wohnung aufsuchen und dort kontrollierend agieren, knurren oder schnappen, wenn Besuch kommt oder Personen sich im Haus/in der Wohnung bewegen, so weist das auf grundsätzliche Probleme hin, die sich im alltäglichen Leben nachteilig auswirken und bearbeitet werden müssen. Kompetent geführtes Einzeltraining mit Teamanalyse ist anzuraten!

Ein Hund muss stets hinter seinem Menschen gehen und darf auch nirgendwo zuerst rein oder raus.

Eine Fülle von Ergebnissen aus der Feldforschung an frei lebenden Wölfen (z.B. Bloch, Mech, u.a.) belegen, dass Laufposition und Statusrang nicht gleichzusetzen sind und nicht korrelieren. Wir wiesen bereits darauf hin (siehe Seite 53), dass unterschieden werden muss zwischen der Anführerrolle, die situativ ist, und der stabilen Anführer-Gefolgschafts-Beziehung. Im Tiefschnee laufen vermehrt die kräftigeren Jungtiere voraus, die genügend Energie haben, den beschwerlichen Pfad für die Nachfolgenden leichter zu machen. In unvorhergesehenen Situationen erkunden vielleicht die Naseweisesten und Neugierigsten die Vorgänge. Situativ läuft oftmals derjenige voran, der in der betreffenden Situation entweder die beste Kompetenz oder die geringste Nervosität aufweist – oder einfach die größte Lust daran hat, mal gerade voran zu preschen. Das kennen wir von unseren Haushunden auch nur zu gut: Die jugendlichen Hunde rasen hin und her und »verpulvern« ihre Energie, die älteren Hunde zeigen sich (meist, nicht immer) gemäßigter und moderater.
Zu Vorbesprochenem passt auch der Slogan:

Hunde, die an der Leine ziehen, verhalten sich grundsätzlich dominant.

In der Regel handelt es sich eher um ein Erziehungsdefizit in Bezug auf Leinenführigkeit. Gezogen wird aber auch bei psychischer Überforderung getreu dem Motto: »Bloß weg hier!«

Erziehungsdefizite haben nichts mit Dominanzverhalten zu tun.

Der Mensch isst zuerst, erst dann bekommt der Hund. Das demonstriert den Chef!

Oder auch:

Bevor der Hund seinen Napf bekommt, isst der Mensch demonstrativ einen Keks vor den Augen des Hundes.

Bei Hundeartigen hat Rangstatus nichts mit Futterzugangsrecht zu tun (siehe Seite 51). Individuelle Persönlichkeitseigenschaften, grundsätzliches Interesse am Futter, allgemeine Verfressenheit oder emotionale Komponenten sind hier wesentlich. Der Ranghöchste frisst in vielen Wildtiergruppen oftmals sogar zuletzt. Und immer wird dafür gesorgt, dass Welpen Nahrung erhalten. Wer also seinem Hund ständig demonstriert, dass er vorrangig für seinen eigenen Bauch sorgt und erst später, vielleicht aber auch gar nicht, für seine »Untergebenen« sorgt, der arbeitet konsequent gegen eine gute Beziehung und belastet und schwächt die Bindung!

Wenn der Hund sich im Garten löst, muss der Mensch darüber urinieren, um seine territorialen Vorrechte zu demonstrieren.

Oder auch:

Hundliche Notdurft darf nur erledigt werden, wenn der Mensch das erlaubt. Andernfalls ist es Dominanzverhalten, was deutlich bestraft werden muss. Und zwar mit Leinenruck, Alphawurf und langfristigem Ignorieren. Auch sollte der Mensch unbedingt übermarkieren, um seinen Rangstatus zu demonstrieren.

Anruf bei einem Hundetrainer: »Mein Hund pinkelt mir ständig in die Wohnung. Ich brauche Hilfe, denn mein Nachbar sagt, das wäre mächtigstes

Dominanzverhalten!« Der Hund, um den es hier ging, war 10 Wochen alt – und überhaupt noch nicht stubenrein! Auf diese naheliegende Idee war der völlig hysterisch verunsicherte Halter noch gar nicht gekommen, denn er führte den Hund ja dreimal am Tag (Welpe!) aus – was der dann aber nicht einmal wollte und bockte, wie Herrchen berichtet. Bei so viel Unwissenheit hat ein unkender Nachbar natürlich einen gefälligen Acker, um Misstrauen und Verunsicherung zu säen.

Wer mehrere Hunde hält erlebt häufig ein »Phänomen«, welches manchmal zu Irritationen führt: Ein Hund uriniert in den Garten, der nächste geht hin und uriniert darüber. Doch ist dieser zweite Hund kein älteres, im Alltag kein offensichtlich ranghohes Individuum. Und dann geht womöglich auch noch der jüngste Hundespross zur Stelle – und setzt seine Marke auch noch dazu. Oh je, oh je, bahnen sich hier Konflikte und Rangdiskussionen an? In der Regel nicht, im Gegenteil. Was zu erleben ist, ist eine starke soziale Komponente des Urinierens! We are family, wir gehören zusammen! Kein Ranghoher regt sich darüber auf, keine statusbezogene Abfolge von »Wer überschreibt Wen und Warum« ist festzustellen.

Doch es gibt durchaus weitere Hintergründe für Urinieren, aber auch für Koten:

1. Die einfache körperliche Notwendigkeit > Man (Hund) muss mal!
2. Die Information an andere > Hier war XY, so alt, so fit, so groß, Männlein oder Weiblein.
3. Zum Kennzeichnen von »Heimat« und Besitz (siehe Seite 79).

Mein Hund ist dominant, deshalb lässt er sich nicht erziehen.

Das ist die dümmste und faulste Ausrede der Welt!

Ein Halter sollte seinen eigenen Hund immer nur von oben herab und durch Überbeugen berühren, damit durch die Körperstellungen gleich klar wird, wer das Sagen hat.

Viele Hunde reagieren auf körpersprachliche Signale des Menschen sehr massiv und sehr deutlich (wenn man sie zu erkennen, zu lesen und zu deuten in der Lage ist!). Gerade bei noch frischen Beziehungen, sollte deshalb weitestgehend alles vermieden werden, was das entstehende Vertrauensverhältnis, die Beziehung und das angestrebte Bindungsverhältnis zueinander belastet. Speziell irgendwelche pro forma Maßnahmen als Prophylaxe sind für Hunde völlig unverständlich, sinnlos und die Beziehung belastend, somit komplett abzulehnen.

Begrüßen Sie niemals Ihren Hund, wenn Sie nach Hause zurückkommen. Sein aufgeregtes Verhalten bedeutet nicht Wiedersehensfreude, sondern demonstriert seinen Anspruch aufs Chef-Dasein!

Wir haben ausführlich dargelegt, wie wichtig gerade Begrüßungsverhalten, sei es auch noch so kurz und auf ein »Hallo« beschränkt, für das positive Miteinander ist. Häufig wird auch behauptet, dass Ignorieren des Hundes menschliche Überlegenheit demonstriert. Auch zu diesem die Bindung belastenden Unsinn wurde im vorangegangenen Text Stellung bezogen.

Legen Sie Ihren Hund bei jeder Gelegenheit in die »Platz«-Position. Diese signalisiert dem Hund seine untergeordnete Stelle im Mensch-Hund-Miteinander.

Solche »Weisheit« sollte nach der Lektüre dieses Buches nicht mehr kommentiert werden müssen. Leider hört man solche Aussprüche bis heute oft in Kreisen, in welchen auch viel mit Begriffen wie u.a. »Unterordnung«, »Status« und »Macht« herumgeworfen (und unqualifiziert argumentiert!) wird.

Der Hund sollte seinen Menschen beim Sex zuschauen, um seinen untergeordneten Rang zu erfahren, denn das Recht auf Fortpflanzung hat nur der Ranghohe.

Zwar haben Ranghöhere einen höheren Anteil am Fortpflanzungsgeschehen, dennoch kann doch kein Mensch ernsthaft glauben, dass die Kausalität der Aussage auch nur annähernd mit der Realität im Mensch-Hund-Miteinander zu tun hat? Offenbar gibt es aber solche Zeitgenossen. Unsere auf Menschen und die menschliche Umwelt geprägten Hunde kommen eigentlich nicht auf die Idee, sich mit Menschen paaren zu wollen. Warum sollten sie also ein Fortpflanzungsprivileg dominanzbezogen einfordern, dass ohnehin aufgrund ihrer zwischenartlichen Struktur nicht möglich wäre (siehe »Formale Dominanz«, Seite 58).

Vielleicht hat Sie das ein oder andere zum Schmunzeln gebracht, womöglich haben Sie Ergänzung und kennen weitere Schlau-Sprüche? Vielleicht haben Sie aber auch dort und da gedacht: »Oh, das habe ich so noch nicht gesehen und gewusst.« Lassen Sie sich nicht von Binsenweisheiten ins Bockshorn jagen. Nutzen Sie Ihren wachen Verstand, Ihr Bauchgefühl und hören Sie im gesunden Mittelmaß auf Ihr Herz. Dann sind Sie dem guten Gelingen Ihrer Mensch-Hund-Beziehung schon auf der richtigen Spur.

Es bleibt für uns zum Schluss nun nur noch mit Karl Valentin zu sprechen: »Hoffentlich wird es nicht so schlimm, wie es jetzt schon (manchmal) ist!«

Machen Sie das Beste draus.

*»Wer am Ende ist,
kann von vorn anfangen,
denn das Ende ist
der Anfang von
der anderen Seite.«*

(Karl Valentin)

DANKSAGUNG

Zum Gelingen eines Buchprojekts tragen viele Faktoren bei und es gibt durchaus im Hintergrund Lebewesen, die dankend mit erwähnt werden müssen!

Danke an die geschätzte und immer gern kontaktierte Ira Vaculik (dogopedia.de), die mit Erfahrungsberichten und Fotos stets großzügig unsere Vorhaben unterstützt. Auch Claudia König, unsere Lektorin, verdient Dank für ihre Ruhe und Geduld, wenn es mal »haarig« wird.

Den schreibenden »Flinkefingern« und den recherchierenden »Wühlmäusen« aus dem Gansloßerschen Team einen dankbaren Gruß.

Das gilt speziell für Sandra Bauer, Sarah Mertes und Kristin Messelhäuser.

Für die Mitkonzeption und Diskussion des Erziehungs- und Gewaltprojektes gebührt Mag. Bettina Hinte-Breidl unser Dankeschön.

Für die Hilfe beim Bezwingen von Paragraphen gilt unser herzlichster Dank der Juristin Barbara Felde.

Danke auch an alle Hunde und ihre Besitzer, die uns mit ihren Erlebnissen und Erfahrungen den Stoff bieten, aus dem unsere Bücher werden. Und Danke an die Hundebesitzer, deren Wissensdurst unseren Inhalten eine Plattform bietet!

LITERATURVERZEICHNIS

Bonanni, R. & Cafazzo, S. (2014): **The social organisation of a population of free-ranging dogs in a suburban area of Rome: a reassessment of the effects of domestication on dogs' behaviour**. In »The Social Dog« by J. Kaminski & S. Marshall-Pescini. (pp. 65-104) Academic Press, Amsterdam

Bowlby, J. & Ainsworth, M. (2015): **Bindungstheorie und Bindungsstörung**. Oriella Kahn Studienarbeit, Universität Koblenz

Coppinger, R. & Coppinger, L. (2003): **Hunde**. Animal Learn Verlag, Bernau

Coppinger, R. & Feinstein, M. (2018): **Die Ethologie der Hunde**. Kynos Verlag, Nerdlen

Dopfer, M. (2015): **Dominanz, Aggression & soziale Beziehungen in einer Foxhound-Meute**, S.182-208 in Gansloßer (Hrsg.): Kommunikation und Konfliktmanagement. Filander Verlag, Fürth

Farhoody, Parvene, et al. (2018): **Aggression toward familiar people, strangers, and conspecifics in gonadectomized and intact dogs**. Frontiers in veterinary science 5

Engel, J. (2002): **Methodenkritischer Vergleich verschiedener Verfahren zur Berechnung von Dominanzbeziehungen**. S. 29-48. in Gansloßer (Hrsg.): Gruppenmechanismen. Filander Verlag, Fürth

Gansloßer, U. & Krivy, P. (2014): **Ein guter Start ins Hundeleben**. Verlag Müller Rüschlikon, Stuttgart

Gansloßer, U. (Hrsg.) (2002): **Gruppenmechanismen**. Filander Verlag, Fürth

Gansloßer, U. & Kitchenham, K. (2014): **Beziehung-Erziehung-Bindung**. Kosmos Verlag, Stuttgart

Gansloßer, U. & Strodtbeck, S. (2013): **Schilddrüsenunterfunktion beim Hund**. Kleintier Konkret 1-5

Gansloßer, U. & Käufer, M. (2017): **Auszeit auf Augenhöhe**. Kosmos Verlag, Stuttgart

Gansloßer, U. & Krivy, P. (2014): **Verhaltensbiologie für Hundehalter – Das Praxisbuch**. Kosmos Verlag, Stuttgart

Gaertner, A. M. (2009): **Untersuchungen zum Einfluss verschiedener Haltungsfaktoren und der vom Halter subjektiv empfundenen Bindung auf das Verhalten von Deutschen Schäferhunden in einem Wesenstest**. Dissertation, Hannover

Kaufmann, C. A., et al. (2017). **The social behaviour of neutered male dogs compared to intact dogs (Canis lupus familiaris): Video analyses, questionnaires and case studies**. Vet Med Open 2.1, 22-37

Kehr, S. & Fischer, S. (2015): **Der Einsatz von Abbruchsignalen**. S. 51-74 in Gansloßer (Hrsg.): Kommunikation und Konfliktmanagement. Filander Verlag, Fürth

Kotrschal, K. (2012): **Wolf-Mensch-Hund**. Brandstätter Verlag,Wien

Kovács, K., et. al. (2018): **Dog-Owner Attachment Is Associated With Oxytocin Receptor Gene Polymorphisms in Both Parties. A Comparative Study on Austrian and Hungarian Border Collies**. Frontiers in psychology, 9, 435

Krivy, P. (2004): **Herdenschutzhunde**. Kosmos Verlag, Stuttgart

Krivy, P. (2018): **Lernen mal anders**. Verlag Müller Rüschlikon, Stuttgart

Krivy, P. & Lanzerath, A. (2018): **Hunde verstehen**. Verlag Müller Rüschlikon, Stuttgart

Krivy, P. & Lanzerath, A. (2015): **Alte Hunde**. Verlag Müller Rüschlikon, Stuttgart

Krivy, P. & Lanzerath, A. (2017): **Was ein Welpe lernen muss**. Verlag Müller Rüschlikon, Stuttgart

Krivy, P. & Lanzerath, A. (2018): **Mein Hund im Flegelalter**. Verlag Müller Rüschlikon, Stuttgart

Krivy, P. & Gansloßer, U. (2017): **Mein Hund zeigt Aggressionen**. Verlag Müller Rüschlikon, Stuttgart

Krivy, P. & Gansloßer, U. (2016): **Mein Hund hat Angst**. Verlag Müller Rüschlikon, Stuttgart

Lamprecht, J. (1996): **What makes an individual the leader of its group? An evolutionary concept of distance regulation and leadership**. Social Science Information, 35(4), 595-617

Maclean, E. & Hare, B. (2015): **Dogs hijack the human bonding pathway**. Science 48(6232): 280-281

Mech, D. (1995): **Der weiße Wolf**. Weltbild Verlag, Augsburg

Mech, L. D. (1999): **Alpha status, dominance and division of labor in wolf packs**. Canadian Journal of Zoology, 77(8), 1196-1203

Nagasawa, Miho, et al. (2015). **Oxytocin-gaze positive loop and the coevolution of human-dog bonds**. Science 348.6232: 333-336

Nelson, R. (2005): **An Introduction to Behavioral Endocrinology**. Sinauer, N.Y

Riepe, T. (2009): **Da muss er durch!** Animal Learn Verlag, Bernau

Roiner K. (2016): **Beißvorfälle unter Berücksichtigung der Hunderassen in Deutschland und Umfrage bei Hundebisspatienten in vier Berliner Kliniken**. Dissertation, Berlin

Schilder, M. & van der Borg, J. (2015): **Dominanz und Führung beim Hund**. S. 39-69 in Gansloßer (Hrsg.): Rudelstrukturen in Hundegruppen. Filander Verlag, Fürth

Serpell, J. (2016): **The domestic dog**. Cambridge University Press

Strodtbeck, S. & Gansloßer, U. (2011): **Kastration und Verhalten beim Hund**. Verlag Müller Rüschlikon, Stuttgart

Warstat, V. (2015): **Futterrangordnung**. S. 209-220 in Gansloßer (Hrsg.): Kommunikation und Konfliktmanagement. Filander Verlag, Fürth

Unsere **Bücher** für Hundefans

P. Krivy / A. Lanzerath
Einfach gut erzogen
96 Seiten, broschiert, € 11,95
ISBN 978-3-275-02082-9

P. Krivy / A. Lanzerath
Familienhunde gut erzogen
208 Seiten, gebunden, € 24,90
ISBN 978-3-275-01941-0

Petra Krivy / Udo Gansloßer
Mein Hund hat Angst
128 Seiten, broschiert, € 14,95
ISBN 978-3-275-02015-7

P. Krivy / A. Lanzerath
So geht's nicht weiter
96 Seiten, broschiert, € 11,95
ISBN 978-3-275-02083-6

P. Krivy / U. Gansloßer
Mein Hund zeigt Aggressionen
128 Seiten, broschiert, € 14,95
ISBN 978-3-275-02101-7

Stand Oktober 2018
Änderungen in Preis und
Lieferfähigkeit vorbehalten.

Überall, wo es Bücher gibt oder
www.mueller-rueschlikon.de
Service-Hotline: 0711-78 992 151

Müller Rüschlikon